Ihre Arbeitshilfen zum Download:

Unter folgenden Links stehen für Sie Arbeitshilfen und Zusatzmaterial kapitelweise zur Verfügung:

1. Einleitung
   http://www.crashkurs-it-projektleitung.de/worum-gehts

2. Persönlichkeit des Projektleiters
   http://www.crashkurs-it-projektleitung.de/persoenlichkeit

3. Wahrnehmung der Projektmitarbeiter
   http://www.crashkurs-it-projektleitung.de/wahrnehmung

4. Kommunikation im Projektteam
   http://www.crashkurs-it-projektleitung.de/kommunikation

5. Führungsaufgaben im Projektteam
   http://www.crashkurs-it-projektleitung.de/fuehrung

6. Das Projektteam — Rollenbesetzung und Dynamik
   http://www.crashkurs-it-projektleitung.de/projektteam

7. Zusammenarbeit mit dem Auftraggeber
   http://www.crashkurs-it-projektleitung.de/zusammenarbeit

8. Veränderungsmanagement als Führungsaufgabe
   http://www.crashkurs-it-projektleitung.de/veraenderungsmanagement

Nachwort
http://www.crashkurs-it-projektleitung.de/tools

Crashkurs IT-Projektleitung

Helga Trölenberg, Heiner Drathen

Crashkurs IT-Projektleitung

Soft Skills, Kommunikation und Führung in IT-Projekten

Mit Illustrationen von Anja Weiss

1. Auflage

Haufe Gruppe
Freiburg · München · Stuttgart

Bibliografische Information der Deutschen Nationalbibliothek

Die Deutsche Nationalbibliothek verzeichnet diese Publikation in der Deutschen Nationalbibliografie; detaillierte bibliografische Daten sind im Internet über http://dnb.dnb.de abrufbar.

Print: ISBN 978-3-648-08976-7 Bestell-Nr. 10179-0001
ePub: ISBN 978-3-648-08977-4 Bestell-Nr. 10179-0100
ePDF: ISBN 978-3-648-08978-1 Bestell-Nr. 10179-0150

Helga Trölenberg, Heiner Drathen
Crashkurs IT-Projektleitung
1. Auflage 2017

© 2017 Haufe-Lexware GmbH & Co. KG, Freiburg
www.haufe.de
info@haufe.de
Produktmanagement: Anne Rathgeber

Lektorat: Lektoratsbüro Peter Böke, Berlin
Satz: kühn & weyh Software GmbH, Satz und Medien, Freiburg
Umschlag: RED GmbH, Krailling
Illustrationen: Anja Weiss, Hannover (www.anja-weiss.com)
Druck: BELTZ Bad Langensalza GmbH, Bad Langensalza

Alle Angaben/Daten nach bestem Wissen, jedoch ohne Gewähr für Vollständigkeit und Richtigkeit.
Alle Rechte, auch die des auszugsweisen Nachdrucks, der fotomechanischen Wiedergabe (einschließlich Mikrokopie) sowie der Auswertung durch Datenbanken oder ähnlich Einrichtungen, vorbehalten.

Inhaltsverzeichnis

1 Einleitung: Vorhang auf für Ihre Projektleiterkarriere

Weiterführende Informationen zu diesem Kapitel finden Sie unter:
www.crashkurs-it-projektleitung.de/worum-gehts

»Sie haben in vielen Projekten gute Ergebnisse erzielt. Sie helfen den Kollegen und Sie sind bei unseren Kunden sehr angesehen. Kurz und gut, Sie haben gezeigt, dass Sie zu mehr berufen sind. Deshalb freue ich mich, Sie zum Projektleiter zu ernennen.« Mit diesen oder ähnlichen Worten werden die meisten Softwareentwickler zu Projekt- oder Teamleitern befördert. Und von einem Tag auf den anderen ist nichts mehr wie vorher.

Mit diesem Absatz beginnt Kapitel 5.1 dieses Buches. Frischgebackene Führungskräfte und Projektleiter sehen sich ganz plötzlich mit einer Unmenge neuer Anforderungen konfrontiert. Und auch gestandene Projektleiter wissen manchmal nicht, wie ihnen geschieht. Die Erwartungen betreffen nicht nur die fachliche und organisatorische Seite des Projektmanagements. Viel schwerer wiegen die Ansprüche, die von einem Tag auf den anderen an ihre Persönlichkeit gestellt werden.

Dieses Beispiel fanden wir in einer tatsächlich erschienenen Stellenanzeige:

!

»Der Projekterfolg wird in erster Linie durch die Persönlichkeit der/des Projektleiterin/Projektleiters bestimmt. Daher zeichnen sich erfolgreiche Projektleiter durch folgende Merkmale aus:
Sie sind

- lösungs-/erfolgsorientiert
- kommunikativ
- delegationsstark
- konfliktfähig
- durchsetzungsstark
- kundenorientiert
- empathisch
- überzeugend und gewinnend

Sie können

- wirtschaftlich denken
- dem Kunden Vertrauen und Sicherheit auch in kritischen Situationen vermitteln
- in Ihrem Team auch bei hoher Belastung Erfolgshunger und Begeisterung erzeugen und aufrechterhalten
- klare, nachvollziehbare Entscheidungen treffen und vermitteln
- sich auch gegenüber dem Kunden und dem eigenen Management durchsetzen«

Das klingt nach übermenschlichen Anforderungen. Doch ist bereits aus dieser Stellenanzeige erkennbar, dass es die *Persönlichkeit* ist, die einen Projektleiter erfolgreich macht. Erst in zweiter Linie sind es die Methoden und Tools des Projektmanagements.

Wir haben uns in diesem Buch daher darauf konzentriert, eine Vielzahl an Hilfsmitteln und Tipps direkt erlebbar zu machen, die für die zielgerichtete Entwicklung einer Projektleiterpersönlichkeit unerlässlich sind. Wir selber haben unsere eigene, über viele Jahre erworbene Erfahrung in der Leitung von IT-Projekten in das Buch einfließen lassen. Diese Erfahrung reichern wir an durch unsere Ausbildung und Tätigkeit als Kommunikations- und Verhaltenstrainer, denen wir zahlreiche Impulse verdanken, sodass ein praxistauglicher Ratgeber entstanden ist.

Unser Ansatz ist persönlich: Sie, liebe Leserinnen und Leser, werden sich auf unsere Überlegungen einlassen müssen. Wir werden Sie fordern und wir fangen mit Ihnen selbst an. Schon im zweiten Kapitel werden Sie viel über sich erfahren. Kapitel 2 »Die Persönlichkeit des Projektleiters« nimmt Sie mit auf eine Entdeckungsreise in Ihre Persönlichkeit. Denn nur, wenn Sie sich selbst verstehen, Ihre Antriebe und Ihre Blockierer, Ihre Achillesferse und Ihre Schokoladenseite, können Sie Ihre Verhaltensmuster und Reaktionen in der Projektarbeit besser einschätzen. Dadurch können Sie mit Ihrem Gegenüber, ob Kunde, Mitarbeiter oder Chef, angemessen umgehen. Das ist für eine Führungsposition unerlässlich. Diese Überlegungen vertiefen wir, bevor wir in den Kapiteln 4 und 5 praktische Werkzeuge für eine professionelle Kommunikations- und Führungsarbeit entwickeln.

Das gesamte Kapitel 6 widmet sich denen, die die Arbeit tun, dem Projektteam. Sie erhalten spannende Einblicke in die Gruppendynamik dieser Schicksalsgemeinschaft und werden dabei vermutlich vieles wiedererkennen.

Das Kapitel 7 führt dann unter dem Titel »Zusammenarbeit mit dem Auftraggeber« alles zum großen Ganzen zusammen. Es geht um das wahre Projektleben. Beschließen werden wir unseren Rundgang in Kapitel 8 mit einigen Gedanken zum Veränderungsmanagement, speziell zu den Widerständen, auf die Sie früher oder später stoßen werden. Das können Hemmnisse beharrender Kollegen oder Kunden sein, aber auch Blockaden in Ihnen selbst. Seien Sie gespannt auf die Handlungsmöglichkeiten, die Ihnen auch in solchen schwierigen Situationen zur Verfügung stehen.

Jedes dieser komplexen Themen untergliedern wir in Teilaspekte, die sich in Unterabschnitten wiederfinden. Diese Abschnitte folgen fast durchgehend einem einheitlichen Aufbau:

- einführende Situation aus dem realen Projektalltag,
- Analyse der beschriebenen Effekte, ggf. Vorstellung eines erklärenden Modells,

- Entwicklung von Handlungsalternativen, die unmittelbar in die Praxis umsetzbar sind,
- Übungen für die Praxis.

Nutzen Sie die Gelegenheit, neue Handlungsmuster einzuüben. Aus unseren Seminaren wissen wir, dass die Teilnehmer gerade die Übungen als besonders wertvoll einschätzen. Wir wissen auch, dass vieles beim ersten Mal ungewohnt ist, Ihnen fremd vorkommen wird oder dass unsere Vorschläge sperrig wirken können.

Wir möchten Ihnen Mut machen. Versuchen Sie es ruhig mehrfach. Sie werden feststellen, dass Sie Ihren ganz eigenen Weg finden werden. Bevor ein Pfad im Unterholz sichtbar wird, muss man ihn erst ein paar Mal gegangen sein.

! **Arbeitshilfen zum Buch**

Dieses Buch ist Bestandteil eines cross-medialen Konzepts.
Unter www.crashkurs-it-projektleitung.de finden Sie alle 29 Übungen aus diesem Buch und vertiefende Beiträge zu ausgewählten Themen, die Sie in diesem Crashkurs kennengelernt haben. Folgen Sie einfach den Links oder QR-Codes, die wir zu Beginn eines jeden Kapitels angelegt haben! So können Sie gezielt die weiterführenden Materialien zum jeweiligen Kapitel nutzen.

Besonders wichtig ist uns der Austausch zwischen Ihnen, anderen in derselben Situation und uns als Autoren. Auch dazu gibt es auf der Website reichlich Gelegenheit. Wir stehen als Moderatoren und Impulsgeber bereit. Fordern Sie uns. Wir freuen uns darauf.

Eine Bemerkung zum Sprachgebrauch in diesem Buch: Wir haben uns dazu entschieden, auf gendersensible Sprache zu verzichten. Es galt abzuwägen zwischen einer flüssig lesbaren Form und dem sehr berechtigten Anliegen, jede Form der Diskriminierung zu vermeiden. In unseren Beispielen aus dem Projektalltag treten Frauen und Männer gleichberechtigt in unterschiedlichen Rollen auf. Auch wenn, etwa für Positionsbezeichnungen, in der Regel die grammatisch männliche Form verwendet wird, sind Frauen ausdrücklich und selbstverständlich immer mitgemeint.

Doch nun genug der Vorrede: Vorhang auf für Ihre Projektleiterkarriere!

Helga Trölenberg und *Heiner Drathen*

2 Die Persönlichkeit eines Projektleiters

Zusatzmaterialien zu diesem Kapitel finden Sie unter:
www.crashkurs-it-projektleitung.de/persoenlichkeit

2.1 Die sozialen Kompetenzen Empathie, Mitgefühl und Verständnis

2.1.1 Aus dem Projektalltag

Teammeeting. Es ist schlechte Stimmung. Die Assistentin Sara Peters hat gerade lautstark die Tür zu ihrem Büro zugeschlagen. Drinnen hört man sie schimpfen. Das Team sitzt ratlos im Konferenzraum. Was ist passiert?

Sara hat sich zum wiederholten Male über den Zustand der Teeküche und der Büros beschwert. Schmutziges Geschirr wird nicht in die Spülmaschine geräumt, abgelaufene Lebensmittel schimmeln im Kühlschrank vor sich hin und angefangene Wasserflaschen mit abgestandenem Inhalt lagern auf und neben den Schreibtischen im Büro.

»Ich bin doch nicht euer Hauself, der euch alles nachträgt und immer die Büros aufräumt«, hat sie sich beklagt. »Was passiert, wenn morgen unser Kunde zum Workshop kommt? Sollen unsere Gäste so empfangen werden?« Die Entwickler im Team verstehen die ganze Aufregung nicht. »Der Kunde betritt doch nicht unsere Büroräume. Reg' dich nicht so auf. Außerdem muss man ja sehen, wie hart wir für ihn arbeiten«, antwortet der Kollege Tobias Vogt aus der Entwicklungsabteilung und fügt verschmitzt hinzu: »Wir sind halt die Genies und Gurus. Wir durchblicken dieses Chaos.« In diesem Moment platzt der Assistentin der Kragen. »Ihr seid richtige Schweine. Macht ihr das zu Hause auch so? Ich glaube, ihr wollt mich nur provozieren und ausnutzen.« Und weg ist sie.

	Situation 1: **(Hier beschreiben Sie kurz die Situation.)**	**Situation 2:** **(Hier beschreiben Sie kurz die Situation.)**
Formulierung	**Was sage ich?** (Hier tragen Sie Ihre Sätze ein.)	**Was sage ich?** (Hier tragen Sie Ihre Sätze ein.)
Wenn du sagst …		
Fühlst du dich …		
Weil du …. brauchst.		
Ist es das?		
Welchen Unterschied hätten Sie vielleicht festgestellt?		

!

Tipp

Verwenden Sie unser Kommunikationsmodell auch im privaten Bereich, wenn sich Ihre Partnerin oder Ihr Partner über Sie beklagt. Sie werden vermutlich erleben, dass Ihr Partner oder Ihre Partnerin von Ihrer Reaktion positiv überrascht ist und sich verstanden fühlt.

2.2 Werte und Tugenden in der Projektarbeit

2.2.1 Aus dem Projektalltag

Die Teamleiter der Entwicklungsabteilung treffen sich zum Jour fixe. Ausführlich hat sich die Gruppe bereits über das aktuelle Großprojekt des Unternehmens abgestimmt. Die Entwicklungsthemen sind verteilt. »Nun habe ich noch einen Punkt«, sagt Jan Schuster, der Projektcontroller. »Wir brauchen mehr Genauigkeit in der Schätzung, damit wir mehr Planungssicherheit bekommen. Ich muss immer genau wissen, wie viele Stunden für eine einzelne Aufgabe verplant sind. Und natürlich, was dann tatsächlich gebraucht wurde. Am besten täglich. Aber Ihre Leute pflegen die Arbeitszeiten in den Tools nicht und die Planung ist auch schon wieder drei Monate alt.«

Verärgert zeigen seine Hände nach oben. »Kann mir mal einer sagen, wieso ich das immer wieder sagen muss?« Die Projektleiterin Stefanie Brandt richtet sich überrascht und mit fragendem Gesicht auf, die Teamleiter rollen versteckt mit den Augen. »Ach, haben Sie sich nicht so!«, antwortet auf einmal Sascha Schulte, einer der Teilnehmer. Entgegen seines sonstigen Verhaltens wird er auf einmal aktiv, rückt auf die Stuhlkante und beugt sich vor. »Das ist doch alles Erbsenzählerei. Wir arbeiten hier agil, da kann man nicht jeden Tag genau sagen, was und wie lange man arbeiten wird. Das ergibt sich eben so!«

Es beginnt eine lebhaft-laute und engagierte Diskussion, in der die beiden wie Hitzköpfe aneinander geraten. Stefanie stellt fest: »Ihr habt einfach unterschiedliche Werte. Jan findet Genauigkeit wichtig und Sascha Selbstbestimmung. Das passt eben nicht zusammen.«

2.2.2 Situationsanalyse

»Wenn über das Grundsätzliche keine Einigkeit besteht, ist es sinnlos, miteinander Pläne zu schmieden.« Dieses Zitat von Konfuzius fasst zusammen, worum es in unserem Beispiel geht. Kein Projekt kann gelingen, wenn die Handelnden sich nicht auf einen gemeinsamen Wertekanon einigen können. Diskussion und Streit sind vorprogrammiert. Dabei wird die Diskussion über das, was einem wichtig ist, weder offen geführt noch ist sie Teil eines Kick-off-Meetings. Aber Werte sind immer implizit beteiligt. Sie zeigen sich z.B. in der (individuell unterschiedlich wahrgenommenen) Wichtigkeit von verschiedenen Aspekten und Bereichen oder in der Klage über unbefriedigte Bedürfnisse, in unserem Beispiel die beiden Werte Genauigkeit und selbstbestimmtes Arbeiten.

Wofür stehe ich?
Ein Kunde, der besonderen Wert auf Genauigkeit und Präzision legt, wird mit einem Projektleiter unglücklich, dem das große Ganze liegt und der in der Kontrolle von Details keinen Sinn sieht. Wie kommt man da zusammen? Unter Werten und Tugenden verstehen wir Lebensleitlinien oder Wegweiser, die im Allgemeinen als erstrebenswert oder moralisch gut betrachtet werden. Ein Wert ist weder ein Ziel oder eine Absicht, er hat eine *Orientierungsfunktion* im Leben. Jeder von uns hat Werte, die wir im Folgenden näher betrachten wollen.

Es gibt zahlreiche Beispiele für Werte und Tugenden. Sie reichen von A wie Achtsamkeit bis Z wie Zuverlässigkeit.

Besonders häufig genannte Werte sind:
- Loyalität,
- Verantwortung,
- Gerechtigkeit,
- Sympathie,
- Hilfsbereitschaft,
- Ehrlichkeit,
- Authentizität,
- Integrität,
- Solidarität,
- Empathie,
- Respekt,
- Achtsamkeit.[1]

1 Quelle: http://www.wertesysteme.de/startseite/werte-ranking/.

Offensichtlich gibt es auch Werte, die sich bei näherem Hinsehen widersprechen. Vertrauen und Kontrolle, Großzügigkeit und Sparsamkeit oder Freiheit und Sicherheit seien als Beispiele genannt. Hier zeigt sich, dass ein Wert für sich allein nicht schon das ist, was er sein soll. Es gibt Werte, die einen ebenfalls positiv besetzten Gegenpol haben. Sollte es zu allen Werten solche Gegenpole geben?

Das Wertequadrat

Ausgehend von der Grundvorstellung, dass wir in einer Welt leben, in der es immer zwei Seiten der Medaille gibt und in der immer Bipolarität herrscht, hat Nicolai Hartmann das *Wertequadrat* entworfen, das durch Paul Helwig und Friedemann Schulz von Thun weiterentwickelt wurde. Jeder Wert, jede Tugend hat eine ergänzende Schwestertugend. Sind beide in Balance gehalten, können sie sich nicht zur Untugend entwickeln. Denn Tugenden, die übertrieben werden, verkommen zur Untugend. So kann sich aus Sparsamkeit in der Übertreibung Geiz entwickeln und aus Großzügigkeit Verschwendung. Nur wenn Sparsamkeit und Großzügigkeit in der Waage gehalten werden, können beide Werte ihre Wirkung entfalten. Daraus hat Friedemann Schulz von Thun ein Kommunikations- und Entwicklungsmodell entwickelt.

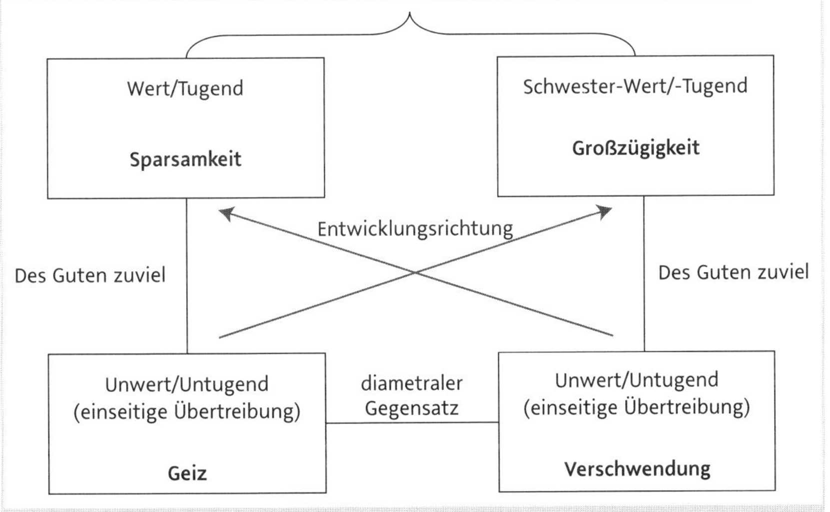

Abb. 1: Das Wertequadrat (nach Nicolai Hartmann)

Eine negative Eigenschaft, wie z. B. Geiz, wird in dieser Perspektive nicht mehr als Fehler betrachtet, sondern als besonders ausgeprägte Eigenschaft eines (positiven) Wertes, hier Sparsamkeit. Hinter dem Verhaltensmuster, der Untugend »Geiz« steht sozusagen der Wert »Sparsamkeit« in besonders hoher Dosierung. Damit dieser zur Untugend verkommene Wert wieder sichtbar wird, besteht die Herausforderung darin, die Schwestertugend zu entwickeln. Die Schwestertugend wird ermittelt, in dem man den diametralen Gegensatz der Untugend benennt, hier »Verschwendung«, und diesen zu einem positiv besetzten Wert »verdünnt«. Aus Geiz kann wieder Sparsamkeit entstehen, wenn Großzügigkeit als Wert entwickelt wird.

Was bedeuten diese Überlegungen zum Wertequadrat für unser Eingangsbeispiel? Die Projektleiterin hat es richtig erkannt: Dem Projektcontroller ist Genauigkeit und Präzision wichtig, ein Verhaltensmuster, das sich jedoch zur »Erbsenzählerei« entwickelt hat. Der Teamleiter aus der Entwicklung pocht auf grenzenlose Selbstbestimmung, ein Wert, der in der Projektpraxis zur Beliebigkeit tendiert. Erst wenn Erbsenzählerei sich wieder zu Genauigkeit »verdünnt« und Beliebigkeit sich zu Selbstbestimmung zurückbildet, können diese beiden Werte in Balance kommen und beide zum Erfolg des großen Projekts beitragen.

Es lohnt also, sich den Schwesterwert, die Schwestertugend, vor Augen zu führen, wenn widerstreitende Wertvorstellungen im Team zu Konflikten führen und wir nicht möchten, dass unsere Werte zu Untugenden verkommen.

2.2.3 Übung 2: Arbeiten mit dem Wertequadrat

Überlegen Sie sich, welche Werte Ihnen persönlich in Ihrem Leben wirklich wichtig sind. Stellen Sie sich vor, Sie verleben den letzten Tag auf Erden. Was würden Sie den Menschen, die Ihnen wichtig sind, sagen wollen? Stellen Sie sich dabei vor, dass Sie nicht mehr befürchten müssen, verurteilt oder ausgelacht zu werden.

Notieren Sie Ihre Werte. Kreisen Sie den Wert ein, der bei Ihnen die stärksten Gefühle hervorruft.

Jetzt erarbeiten Sie ein Wertequadrat für diesen Wert. Ihr Wert kann dann über seinen Schwesterwert in Balance gehalten werden.

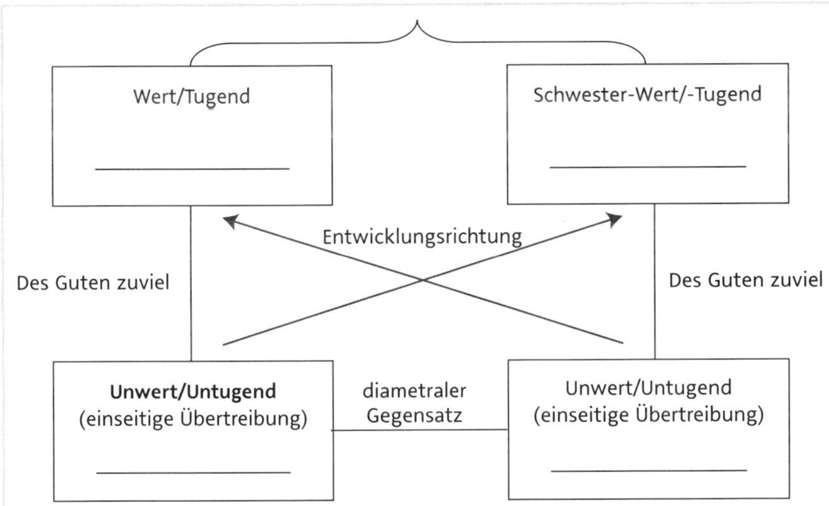

Abb. 2: Mein Wertequadrat (Blankovorlage)

In welchen Handlungen und Aktivitäten zeigt sich Ihre Schwestertugend besonders deutlich?

Tipp !

Lesen Sie nach, welche Werte Ihre Firma vertritt (Website, Unternehmensbroschüre). Ermitteln Sie mithilfe des Wertequadrats, welche Schwestertugenden Sie mit dem Firmenwert ebenfalls entwickeln müssen, damit er nicht zur Karikatur wird.

2.3 Soziale Bindungen im Team stärken

2.3.1 Aus dem Projektalltag

Kick-off für ein großes IT-Projekt. Im Meetingraum stehen bereits einige Personen herum und warten auf die Kollegen und das Projektteam des Dienstleisters. Heute soll der Startschuss zur Einführung eines neuen ERP-Systems fallen, ein Projekt, das das gesamte Unternehmen bis in die kleinsten Verästelungen betrifft. Entsprechend viele Teilnehmer werden erwartet. Die Kollegen tröpfeln ins Meeting. Der Projektleiter von der Unternehmensseite, Matthias Seidel, sieht öfter auf die Uhr. »Wo bleibt nur das Projektteam des Dienstleisters«, denkt er dabei. Endlich kommen die fünf Teammitglieder in den Raum, angeführt vom Geschäftsführer des Dienstleisters, Christian Albrecht. Eilig begrüßt man sich und nimmt in Frontstellung Platz, direkt gegenüber am großen Konferenztisch. Thomas Beck, der Geschäftsführer beim Kunden, begrüßt alle Teilnehmer und betont die besondere Bedeutung des heutigen Tages für sein Unternehmen. Man habe lange überlegt und sich schließlich entschieden. Das Projekt ist die größte IT-Investition der letzten Jahre.

Bis zum Ende des Meetings bleiben die Teilnehmer des Dienstleisters seltsam unbeteiligt. Man blickt abwechselnd auf die Wand mit den Charts und auf das eigene Tablet oder Smartphone. In die Gesichter auf der gegenüberliegenden Seite schaut man nicht. Da will noch nicht so richtig ein Funke überspringen. Was nun?

2.3.2 Situationsanalyse

Sicherlich sind in dieser Situation noch erste Kommunikationsschwierigkeiten zu überwinden. Eigentlich sind wir Menschen von Natur aus soziale Wesen. Die Befriedigung unserer Grundbedürfnisse nach Liebe, Zugehörigkeit, Macht, Freiheit, Freude und Überleben sind stark von unseren sozialen Beziehungen abhängig. Zu diesem Schluss kommt William Glasser, ein amerikanischer Chemieingenieur und Psychiater.

Synchronisieren Sie sich!

Die Ergebnisse von Glassers Arbeit werden heute bestätigt und ergänzt durch die Ergebnisse der modernen Hirnforschung, die die neurobiologischen Grundlagen sozialer Bindungen erforscht. Reden wir miteinander, synchronisieren sich die Gehirne. Gleiche Hirnareale werden aktiv, wenn Menschen miteinander kommunizieren. Besonders deutlich zeigt sich das bei Musikern, die im Ensemble miteinander musizieren. Hier sind genaues Hinhören und das Einstellen auf den Partner besonders gefragt.

Bereits durch das bloße Zuhören oder das Betrachten einer Handlung werden im Gehirn des scheinbar passiven Zuschauers neurologische Prozesse in Gang gesetzt, die ebenfalls abliefen, würde der Zuschauer die Handlung selbst vornehmen. Dafür sorgen *Spiegelneuronen*. Unser Gehirn unterscheidet nicht, ob wir eine Handlung nur beobachten, uns etwas in inneren Bildern vorstellen oder selber agieren. Sportler nutzen dieses Phänomen im mentalen Training, indem sie in Gedanken immer wieder die Strecke laufen, einen bestimmten Parcours durchgehen.

Zusätzlich stärkt synchrones Handeln die Beziehung zwischen Menschen. Synchrone Handlungen sind Handlungen, die gemeinsam mit anderen ausgeführt werden und bei denen jeder zur gleichen Zeit das Gleiche tut. Wir kennen synchrone Handlungen beim Singen, Tanzen, bei Tai-Chi oder wenn wir beim Spazierengehen mit Freund oder Freundin in den gleichen Schritt fallen, einen gemeinsamen Takt finden.

Netzwerke sind übersichtlich

Bindungen können unterschiedlich stark ausfallen. Durch direkte Kommunikation und physische Nähe entstehen stärkere Bindungen als durch Netzwerke über soziale Medien. Soziale Medien lassen uns glauben, unser Netzwerk wäre unendlich. Nach neuesten Facebook-Forschungen sind wir über durchschnittlich 3,5 Personen mit jeden anderen Menschen verbunden. Noch vor einigen Jahren lag diese Zahl, die das Kleine-Welt-Phänomen beschreibt, bei 4,72 Personen, vor einigen Jahrzehnten im ersten Experiment von Stanley Milgram noch bei 5,5 Personen. Die Welt rückt also zusammen.

Aber *starke Bindungen* innerhalb einer Gruppe bestehen nur mit maximal 150 Personen (die Zahl schwankt zwischen 100 bis 200 Personen). Diese sogenannte *Dunbar-Zahl* ist recht stabil und gilt für sehr unterschiedliche Gesellschaften aus unterschiedlichen Epochen gleichermaßen. Die Dunbar-Zahl gilt auch für Facebook & Co. Das bedeutet: Soziale Medien vergrößern nicht die Gruppe derer, mit denen wir uns verbunden fühlen. Sie vergrößern die Gruppe derer, zu denen wir weitere, schwache Verbindungen halten. Das sind dann mehr Bekannte statt wirklich mehr Freunde.

Unser Beispiel zeigt: Auch im IT-Projekt spielt das menschliche Miteinander eine wichtige Rolle. Trotz aller Bits und Bytes sind wir darauf angewiesen, mit anderen zu sprechen, uns auszutauschen und zu verbinden. Da hilft ein Blick direkt in das Gesicht unserer Kunden, Kollegen und Mitarbeiter. Gerade im IT-Projekt kann ein Mikrokosmos der intensiven Bindungen über eine Projektlaufzeit entstehen. Dort gelten im Grunde die gleichen Regeln wie sonst in der sozialen Welt.

Das Synchronisieren und Erzeugen von wiederkehrenden Handlungen verstärkt gerade beim Start eines IT-Projekts die Bindung der Beteiligten untereinander. Und bei Schwierigkeiten im gegenseitigen Verständnis hilft es sicher, sich bewusst auf Körperhaltung, Mimik und Gestik des Gegenübers einzulassen und das Verhalten des anderen zu spiegeln. Nicht nur, dass unser Gegenüber sich mehr verstanden fühlt, auch in unserem eigenen Erleben entsteht mehr Verständnis. Was würde wohl im Kick-off-Meeting passieren, wenn die Projektmitarbeiter des Dienstleisters ihre Kunden ansehen und deren Verhalten spiegeln würden? Es gäbe mehr Nähe und Verständnis.

Regelmäßige Projektmeetings, in denen man auch räumlich beieinander ist und direkt miteinander kommuniziert, stärken ebenfalls die Bindungen der Teilnehmer innerhalb eines Projekts. Alles, was das soziale Miteinander fördert, kommt letztendlich auch dem Projektgelingen zugute. Reine Virtualität erschwert es allen Mitgliedern des Projektteams, verbindliche soziale Bindungen miteinander aufzubauen – Bindungen, die uns dann durch Schwierigkeiten im Projekt tragen können. Das nähere soziale Umfeld jedes Menschen besteht nur aus maximal 150 Personen. In diesem Kreis müssen sich wichtige Projektmitglieder zunächst einmal einen Platz erobern, wenn tragfähige Bindungen im Projekt entstehen sollen. Daher lohnt es sich, schon in der Startphase des Projekts in Blick- und Kommunikationskontakte zu investieren, die

Spiegelneuronen durch Beobachtung zu aktivieren und sich mit unserem Gegenüber zu synchronisieren.

2.3.3 Übung 3: Die Körpersprache von Mitmenschen spiegeln

Setzen Sie sich für diese Übung bei nächster Gelegenheit in ein Café oder die Kantine oder warten Sie auf die nächste Party oder den Spielplatzbesuch. Beobachten Sie Ihre Mitmenschen: Zwei Freunde oder Kollegen, die sich angeregt unterhalten, oder ein älteres Paar, dem Sie ansehen, dass sie sich schon länger kennen.

Beobachten Sie die Körpersprache, Gesten, Körperhaltung, Mimik. Notieren Sie Ihre Beobachtungen.

____

____

____

____

Starten Sie ein Experiment im nächsten Meeting. Versuchen Sie, Ihre Körperhaltung, Mimik und Gestik mit einem der Teilnehmer zu synchronisieren. Ahmen Sie sein Verhalten nach, aber so, dass Ihr Verhalten nicht theatralisch und aufgesetzt wirkt. Beugt sich Ihr Gesprächspartner zum Beispiel nach vorne, beginnen Sie, sich während des Gesprächs ebenfalls nach vorne zu rutschen und den Oberkörper nach vorne zu beugen. Wie verläuft das Gespräch, wenn Sie sich mit Ihrem Gesprächspartner »synchronisieren«?

Notieren Sie hier Ihre Beobachtungen.

____

____

____

____

! **Hintergrund: Die Dunbar-Zahl**

Maximal 150 Mitglieder hat eine Gruppe, deren Gruppenmitglieder untereinander eine starke Bindung unterhalten. Diese Zahl wurde von Robin Dunbar 1998 errechnet, ein Anthropologe, der den Zusammenhang zwischen der Größe des Gehirns und der Anzahl stabiler Beziehungen in einer Gruppe untersuchte.
Diese Zahl gilt für Gruppen unterschiedlicher Epochen und Kulturen. Sie gilt für römische Berufsarmeen, moderne Militäreinheiten und steinzeitliche Siedlungen ebenso wie für die moderne Unternehmensorganisation. Auf https://www.youtube.com/watch?v=07IpED729k8 finden Sie dazu ein Interview mit Robin Dunbar.

2.4 Eingefahrene Verhaltensmuster ändern

2.4.1 Aus dem Projektalltag

»Unsere Personalabteilung hat mal wieder eine neue Idee.« Matthias Seidel, als Projektleiter zuständig für das aktuell wichtigste IT-Projekt, rollt mit den Augen. »Es gibt wohl eine neue Initiative, 50+ in der IT oder so. Jetzt soll ich die älteren Herren aus der IT-Abteilung mit ins Projekt nehmen, die das Altsystem betreuen. Als wenn das nun was bringen würde. Die sitzen auf ihrem Altwissen, reden nicht und lernen sowieso nichts Neues dazu.« »Ach was«, erwidert sein Kollege Jonas Lange aus dem Marketing. »So etwas habe ich auch gerade. Ich soll den älteren Herrschaften aus den Fachabteilungen und der Geschäftsleitung Social Media erklären.« Aber dann berichtet Jonas von einigen Personen, die trotz fortgeschrittenen Alters sich sehr wohl mit Social Media auskennen. »Du glaubst es nicht, die haben ihre eigenen Chatgruppen und posten, was das Zeug hält. Und jetzt lassen sie sich von mir die neuesten Sachen erklären und probieren das auch selbst aus. Da ist einer aus der Geschäftsleitung dabei, der geht nächstes Jahr in Rente, der fuchst sich da richtig ein, der hat gar keine Berührungsängste.« Jonas ist ziemlich begeistert und unterhält seinen Kollegen mit lustigen Episoden aus seinen Präsentationen. »Ach, das hätte ich auch gern«, meint Matthias und ergänzt frustriert: »Ich soll die als Experten vor allem in das Schnittstellenprojekt einbinden. Aber die weigern sich schlicht, unsere Entwicklungsmethode anzuwenden. ›Nichts Neues auf unsere alten Tage‹, sagen mir die immer. Dabei könnten die Kollegen ihr Hirn wirklich mal wieder anwerfen, aber das scheint ziemlich zu klemmen.«

Was den Projektleiter an seinen älteren Kollegen frustriert, ist die geistige Trägheit und Unbeweglichkeit der Kollegen. Nur nichts Neues mehr, nur keine neuen Entwicklungsmethoden, die auf Kommunikation abzielen, keine Störungen mehr. Einerseits ist diese Haltung nach vielen Jahren der Berufstätigkeit, in der man einiges hat kommen und gehen sehen, auch verständlich. Andererseits könnten sich die Kollegen auch entschließen, neue Arbeitsweisen auszuprobieren und so für etwas Abwechslung im monotonen Arbeitsleben zu sorgen.

2.4.2 Situationsanalyse

Hirnforscher haben gerade in den letzten 10 bis 15 Jahren neue, bahnbrechende Erkenntnisse über unser Gehirn gewonnen. Bis vor wenigen Jahren hielt man die Entwicklung des menschlichen Gehirns und damit die Aufnahme- und Lernfähigkeit mit dem Eintritt in das Erwachsenenalter für weitgehend abgeschlossen. Das Gehirn, so meinte man, war dann im Wesentlichen festgefügt und nicht weiter veränderbar. Was Hänschen nicht lernt, lernt Hans nimmermehr – so ein bekanntes Sprichwort. Heute weiß man, dass unser Gehirn über eine lebenslange Plastizität verfügt. Wir sind mit einem Gehirn auf die Welt gekommen, bei dem nicht schon alles seit Jahrmillionen genetisch verankert ist, wie es bei vielen Tieren der Fall ist. So haben wir die Möglichkeit, die Verschaltungen im Gehirn unserer heutigen Welt anzupassen.

Unser Gehirn ist nicht nur ein Denkapparat, sondern auch ein Sozialorgan
In unserer Evolution hat es sich in Jahrmillionen als überlebenswichtig erwiesen, das Gehirn möglichst lange formbar zu halten, damit eigene Erfahrungen oder Erlerntes über lange Zeit im Gehirn verschaltet werden können. Das gilt insbesondere für die Ausbildung sozialer Beziehungen und Bindungen. Dadurch sind Menschen länger lernfähig und können sich immer besser an ihre Lebensbedingungen anpassen.

Wir gebrauchen unser Gehirn anders als unsere nächsten tierischen Verwandten, die Schimpansen, von denen wir uns hinsichtlich unserer genetischen Anlagen nur zu 2% unterscheiden. Wir nutzen unser Gehirn hauptsächlich für die Bildung zwischenmenschlicher Beziehungen und Bindungen, für unsere Sprachfähigkeit sowie andere Kommunikationsformen wie die Übertragung von Wissen zwischen verschiedenen Kulturen und Generationen. Gerade die Ausbildung von Beziehungen und Bindungen hat dafür gesorgt, dass wir einen so großen, umfangreichen und flexiblen Denkapparat haben. Unser Gehirn ist vor allem ein Sozialorgan.

Wie allerdings dieser lernfähige, plastische Denkapparat konkret genutzt wird, hängt ganz entscheidend davon ab, in welches Umfeld der Mensch hineingeboren wird und wie er sein Leben gestaltet. Insbesondere in der Kindheit und Jugend findet eine erste, grundlegende Prägung durch die individuellen Lebensbedingungen statt. Kein Kind kann sich die Bedingungen aussuchen, unter denen es geboren wird und aufwächst. Der eine fällt in ein weiches Wattebett, der andere muss sich von Anfang an durchbeißen. Aber wir können mit zunehmendem Lebensalter unsere Lebensbedingungen selbst bewusst gestalten und optimieren.

Wie man sich selbst umprogrammiert
In welchem Ausmaß ist es möglich, »Installationsdefizite« des Gehirns, z.B. aufgrund einer schwierigen Kindheit und Jugend, zu korrigieren?

Der Befund der Neurobiologie: Wir können schrittweise die von uns selbst geschaffene Programmierung des Gehirns öffnen und andere Verschaltungen im Gehirn ausprägen. Diese Entdeckung ist bahnbrechend. Die Neuverschaltung, die sogenannte Plastizität des menschlichen Gehirns, lässt sich über bildgebende Verfahren im Gehirn beobachten und damit belegen. Es wird also neuronal sichtbar, wenn wir alte Gewohnheiten ablegen und Neues probieren.

Eine Korrektur gelingt natürlich umso besser, je früher sie in Angriff genommen wird. Aber selbst bei erwachsenen, in die Jahre gekommenen Gehirnen ist sie nicht unmöglich. Wir kennen Beispiele: Jemand, der im Erwachsenenalter erblindet, lernt die Blindenschrift. Der Gebrauch der Hand wird nach einem Schlaganfall neu erlernt. Und natürlich kann man auch neue Verfahren in der Softwareentwicklung, neue Sprachen oder Verhaltensmuster erlernen, selbst wenn man schon zur älteren Generation gehört.

»Wir Menschen haben ein Gehirn, das sich erst durch die Art seiner Benutzung gewissermaßen selbst programmiert«, sagt Gerald Hüther, einer der bekanntesten Gehirnforscher.

Jeder Mensch kann sich zu jedem Zeitpunkt bewusst entscheiden, die ständige Wiederholung einmal eingeschlagener Wege, die in seinem Gehirn verankert sind, zu durchbrechen und seinem Gehirn neue, ungewohnte Wege zuzumuten. Unser Denkapparat wird damit schon fertig. Wir können natürlich auch da stehen bleiben, wo wir sind, und unser Gehirn nicht weiter fordern oder entwickeln. Es steht uns frei.

Das Einzige, was man allerdings nach der Entscheidung für einen »neuen Gebrauch« des Gehirns nicht mehr tun darf, ist, vom einmal entschiedenen Vorhaben abzuweichen. Der feste Wille ist deshalb eine ganz entscheidende Komponente. Was noch zum Gelingen von Veränderungsprozessen beiträgt, können Sie in Kapitel 8.2 nachlesen.

Es reicht aber nicht, hin und wieder einmal etwas Ungewohntes zu tun, um sein Gehirn nachhaltig umzuprogrammieren. Deshalb sollten Sie sich Bedingungen schaffen, die den neuen Weg zwingend notwendig macht. Das kann auch mal unbequem und mit unangenehmen Gefühlen verbunden sein. Auf jeden Fall ist es immer aufregend, etwas Neues auszuprobieren und damit sein Gehirn umzuprogrammieren. Denn besonders gut gelingt eine Umprogrammierung, indem Sie Ihre gewohnten Haltungen und Einstellungen hinterfragen und überprüfen. Die Fähigkeit, sich selbst und die bisherige Denk- und Handlungsgewohnheit infrage zu stellen, ist eine besondere Eigenschaft des menschlichen Gehirns.

In diesem Lernprozess ist *Achtsamkeit* eine ganz wichtige Komponente. Achtsamkeit hält den Denkapparat in Bewegung und fördert Neuverschaltungen im Gehirn und damit seine Plastizität. Heute erkennt man durch bildgebende Verfahren sehr deutlich, wie stark sich die Gehirne von Menschen, die achtsam mit sich umgehen, von denen unterscheiden, die sich ihrer selbst weniger bewusst sind und weniger auf ihre Bedürfnisse hören.

Wie Sie lernen, besser auf Ihre Bedürfnisse zu achten, erfahren Sie in Kapitel 3.1.

2.4.3 Übung 4: Neues ausprobieren und das Gehirn flexibel halten

Die vielseitige, komplexe und intensive Nutzung des eigenen Gehirns hilft Ihnen, sich veränderten Bedingungen in Beruf und Privatleben anzupassen. Sie können unabhängig von äußeren Ereignissen Ihr Gehirn flexibel halten, indem Sie sich öfter und bewusst neuen Reizen aussetzen. Achten Sie bei allen Experimenten auf Ihre Gefühle und Ihre körperlichen Empfindungen. Was ist ungewohnt? Was empfinden Sie dabei? Spüren Sie Ihren Körper?

Hier sind drei Vorschläge für ein Selbstexperiment, mit dem Sie eingefahrene Verhaltensmuster verlassen und lernen, Ihr Gehirn flexibel zu halten.

Vorschlag 1: Nutzen Sie eine Ihrer nächsten Reisen, um z. B. in der Bahnhofsbuchhandlung eine beliebige Zeitschrift zu kaufen, die Sie sonst niemals lesen. Besonders geeignet sind Special-Interest-Magazine. Die Themenrichtung spielt keine Rolle. Was entdecken Sie in der Zeitschrift? Was überrascht Sie, was langweilt Sie?

Notieren Sie Ihre Beobachtungen.

____

____

____

____

Vorschlag 2: Nehmen Sie bei der nächsten Gelegenheit einen anderen Weg oder ein anderes Verkehrsmittel, um zu Ihrer Arbeitsstelle zu gelangen.

Notieren Sie Ihre Beobachtungen.

____

____

____

____

Vorschlag 3: Setzen Sie sich beim nächsten Teammeeting nicht an Ihren angestammten Platz, sondern wechseln Sie die Perspektive, indem Sie sich einen anderen Platz suchen. Beobachten Sie sich und Ihre Kollegen. Gibt es Irritationen oder Kommentare? Wie verändert sich Ihre Sicht während des Meetings?

Notieren Sie Ihre Beobachtungen.

Hier können Sie Ideen für Ihr eigenes Selbstexperiment notieren:

Notieren Sie Ihre Beobachtungen.

Hinweis: Es kann passieren, dass Sie beim intensiven Ausprobieren von Neuem und während der damit verbundenen »Umprogrammierung« Ihres Gehirns Kopfschmerzen bekommen, vor allem in der Stirnregion. Denn dort sitzt unsere Großhirnrinde mit den Stirnlappen. Die Großhirnrinde plant und reagiert auf die neuen Eindrücke und den daraus entstandenen Vorgang oder

Erlebnisablauf. Dort sind auch die persönlichkeitsorientierten Gebiete konzentriert. Beim »Umprogrammieren« spürt man manchmal diesen Teil des Körpers in Form von Kopfschmerzen. Heißen Sie diese Kopfschmerzen willkommen als spürbares Anzeichen für neue Verschaltungen in Ihrem Gehirn. Halten die Kopfschmerzen länger an oder treten sie wiederholt auf, konsultieren Sie bitte Ihren Arzt.

3 Wahrnehmung der Projektmitarbeiter

Zusatzmaterialien zu diesem Kapitel finden Sie unter:
www.crashkurs-it-projektleitung.de/wahrnehmung

3.1 Motive und Bedürfnisse der Mitarbeiter verstehen

3.1.1 Aus dem Projektalltag

Abgehetzt und außer Atem kommt Martin Keller, der Projektleiter, ins Büro, wirft die Jacke über den Stuhl, reißt den Computer aus dem Rucksack und stürmt in den Meetingraum. »Tut mir leid, ich hatte wieder rote Welle auf dem Weg hierher. Man sollte morgens alle Autos verbannen!« Sein Chef Michael Franke blickt genervt auf, Martin hat die Präsentation seiner Kollegin Stefanie Brandt gestört, die gerade den Statusbericht eines wichtigen Projekts vorstellt. »Kannst du nicht einfach eher losfahren? Immer wieder kommst du zu spät! Und dann störst du auch noch, anstatt dich leise hinzusetzen.« Die ganze Sitzung über grummelt Martin und ist schlecht gelaunt. Immer wieder schießt er verbal mit spitzen Pfeilen auf seine Kollegen. Das Meeting nimmt einen holprigen Verlauf, die Harmonie ist gestört.

Später nimmt Michael Franke seinen Projektleiter zur Seite. »Sag mal, was ist los? Warum regst du dich eigentlich so auf?« Dann zieht Martin richtig vom Leder, schimpft über Autofahrer und Radfahrer, die ihn aufhalten, Kunden, die immer noch mehr von ihm wollen, und Kollegen, die vor lauter Langsamkeit am Schreibtisch einschlafen. Der Gipfel sind die Jogger, die ständig bei ihm in der Straße laufen. »Und weißt du was«, sagt er zu seinem Chef, »ich habe den Eindruck, das wird immer schlimmer.« Martin Keller ist richtig in Fahrt.

Was ist passiert? Das Verhalten und die Aufregung von Martin sind typisch für einen Menschen, der nicht auf seine Bedürfnisse hört. Er handelt wie jemand, der sich keine Langsamkeit erlaubt. Vielleicht gesteht er sich auch nicht ein, dass er gesünder leben und lernen sollte, sich um seine eigenen Bedürfnisse zu kümmern. Wie kommen wir zu dieser Einschätzung?

3.1.2 Situationsanalyse

Bedürfnisse und Motive treiben uns an und veranlassen uns zum Handeln. Sie sind der Motor unseres Verhaltens. Sie sind grundlegend und langfristig angelegt. »Motiv« kommt aus dem Lateinischen »movere« – das heißt »bewegen«. Motivation ist unsere latente Bereitschaft, bestimmte Ziele zu erreichen und damit auf unsere Umwelt und ihre emotionalen Reize entsprechend zu reagieren.

Über viele Motive und Bedürfnisse können wir reden. In der Regel sind wir leistungsbereit und wollen anerkannt und respektiert werden. Das veranlasst uns, z. B. fleißig zu sein, nett und zuvorkommend mit unseren Mitmenschen umzugehen oder regelmäßig das Fitnessstudio zu besuchen.

Leider achten wir nicht immer auf unsere Bedürfnisse. Manchmal lässt die Arbeit uns keine Zeit, das Fitnessstudio zu besuchen, der innere Schweinehund hat gerade die Oberhand und lässt uns in der Firma Überstunden machen und wir sind gerade nicht in der Laune, mit allen freundlich umzugehen. Wer kennt das nicht?

Problematisch wird die Lage, wenn wir unsere Bedürfnisse über einen längeren Zeitraum vernachlässigen. Oder wenn es sich in unserer persönlichen Lebensgeschichte als nicht hilfreich erwiesen hat, bestimmten Bedürfnissen zu folgen. Wer als Kind gelernt hat, dass es besser ist, den Mund zu halten und die eigene Meinung für sich zu behalten, der hat es als Erwachsener oft schwer, aus sich herauszugehen und seine Ansichten laut und deutlich zu sagen.

Diese unterdrückten Bedürfnisse verschwinden unter der Oberfläche und bilden dort einen großen Eisberg, der unter der Wasserlinie viel größer ist, als wir von oben erkennen können. Diesen unsichtbaren Teil des Eisbergs unserer Bedürfnisse nennen wir Unterbewusstsein. Der Bereich des Unbewussten ist nicht mit unserer Ratio zugänglich. Nur ca. 3%, höchstens 6% dessen, was uns ausmacht, ist uns wirklich bewusst, der Rest unserer innersten Motive und Bedürfnisse befindet sich in unserem Unterbewusstsein.

Wie erhalten wir Zugang zu unserem Unterbewusstsein? Woran bemerken wir unsere verborgenen Motive und Bedürfnisse? Wir können einen Zugang zu unserem Unterbewusstsein bekommen, indem wir Kontakt »nach außen« aufnehmen und den Umgang mit Menschen suchen. Unbewusste, unterdrückte Bedürfnisse können wir auch an unseren Emotionen erkennen.

Bemerken wir an uns Emotionen, die besonders ausgeprägt sind, sowohl positive als auch negative Emotionen, ist dies ein sicherer Hinweis, dass unbewusste Bedürfnisse berührt wurden. Es gibt dann etwas, das uns sehr wichtig ist und meistens keine ausreichende bewusste Aufmerksamkeit erfährt. Alle Umstände, die uns besonders freuen oder ärgern, uns besonders an- und aufregen, geben darauf einen Hinweis. Diese An- und Aufreger begegnen uns in unserem Leben immer wieder.

Typische Beispiele für An- und Aufreger sind:

- Kunden, die besonders fordernd sind,
- der Kollege, der immer zu spät zum Meeting kommt,
- fehlerfrei durchlaufende Software, die einfach Freude macht,
- »rote Welle« auf dem Weg zur Arbeit,
- Menschen, die genau wissen, welcher Knopf bei uns gedrückt werden muss, damit wir an die Decke gehen,
- die frechen, respektlosen Typen, die uns bei jeder Gelegenheit über den Weg laufen, beim Bäcker, an der Bushaltestelle oder in der Firma.

Welches sind Ihre ganz persönlichen An- und Aufreger?
Es sind meistens Umstände, Menschen, Ereignisse,

- die wir gut kennen, die uns vertraut sind,
- die zu Themen gehören, die gerade bei uns in Bearbeitung sind,
- die Eigenschaften oder Themen vertreten, die wir uns nicht erlauben oder ablehnen,
- die mich an jemanden erinnern, den ich kenne (Übertragungen).

Sie sind wie Echos in unserem Leben. Echos spiegeln in gewisser Weise unsere eigenen Bedürfnisse, die wir nicht ausreichend beachten. Echos legen den Finger in unsere ganz persönlichen Wunden und zeigen uns, wo wir uns um uns kümmern sollten. Sie fragen kritisch, ob wir uns selbst ausreichend Aufmerksamkeit schenken.

Ein Beispiel: Eigentlich möchte ich gesund leben. Dazu gehört auch Bewegung. Aber der Vorsatz, jede Woche zwei- bis dreimal eine Stunde zu joggen, bleibt seit Monaten folgenlos. Die Gründe: Das Wetter ist schlecht, es ist etwas dazwischen gekommen, der Freund, mit dem ich normalerweise jogge, ist verhindert. Zunächst ist das kein Problem, aber plötzlich fallen mir immer wieder Leute auf, die joggen oder walken – und zwar immer genau in meiner Straße. Dauernd laufen diese sportlichen Leute umher, und es werden in meiner Wahrnehmung immer mehr. Das ärgert mich, ich fühle mich noch schlechter und schimpfe über den Gesundheitswahn in unserer Gesellschaft. An meinen negativen Emotionen wird deutlich: Das nicht beachtete Bedürfnis nach gesunder Lebensweise macht sich durch Ärger auf sportliche Menschen Luft.

3.1.3 Übung 5: Eigene Bedürfnisse und Projektionen identifizieren

In dieser Übung geht es darum, die eigenen Echos zu erkennen und damit einen Bereich des Unbewussten ins Bewusstsein zu heben.

Wählen Sie für diese Übung eine Person, die Sie ganz besonders mögen, ja vielleicht lieben und verehren, und eine Person, die Sie überhaupt nicht mögen, vielleicht sogar hassen. Notieren Sie die Eigenschaften, die Sie an diesen Menschen besonders mögen bzw. besonders abstoßend finden im linken Abschnitt der folgenden Tabelle. Dann notieren Sie im rechten Abschnitt, was Sie sich selbst verweigern oder sich nicht zugestehen.

Zwei Beispiele sollen diese Übung veranschaulichen:

	Eigenschaften an Personen, die bei mir starke Emotionen hervorrufen:		**Das gestehe ich mir nicht zu, verweigere ich mir:**
1.	hat immer Zeit für andere	→	sich nicht nach äußeren Gegebenheiten richten
2.	hört nie zu	→	sich selbst nicht zuhören

Füllen Sie die folgende Tabelle nun ebenso aus:

Person A: ________________________

	Diese Eigenschaften mag ich ganz besonders:		**Das gestehe ich mir nicht zu, verweigere ich mir:**
1.		→	
2.		→	
3.		→	
4.		→	
5.		→	

Person B: ________________________

	Diese Eigenschaften mag ich ganz besonders:		**Das gestehe ich mir nicht zu, verweigere ich mir:**
1.		→	
2.		→	
3.		→	
4.		→	
5.		→	

Fällt Ihnen etwas auf? Zeigt sich ein Muster? Gibt es ein Thema, das sich wiederholt? Welches Bedürfnis könnte dahinterstehen?

Notieren Sie hier Ihre Beobachtungen:

Welches einfache, für mich zugängliche und wirkungsvolle Mittel gibt es, um meinem Bedürfnis (besser) zu entsprechen?

! **Tipp**

Wenn Sie wissen möchten, wie Sie Ihren Bedürfnissen mehr Raum geben können, auch wenn die Ratio Ihnen sagt, das sei nicht möglich, oder die Angst Sie hemmt, lesen Sie Kapitel 8.2 und 8.3. Dort geht es um Veränderungsprozesse und wie man sie in Gang setzt.

3.2 Mit allen Sinnen kommunizieren

3.2.1 Aus dem Projektalltag

Der Teamleiter Phillip Kühn sitzt mit den beiden Entwicklern Timo Hofmann und Lukas Köhler am Tisch. Die drei brüten über einer Kundenanforderung und suchen gerade nach einem zeitsparenden, aber auch eleganten Lösungsweg.

»Ich sehe noch nicht, wie wir das Problem mit der Schnittstelle in den Griff kriegen. Die muss die Daten direkt in die Prozesse des anderen Systems reinkippen.« Phillip kratzt sich am Kopf und kräuselt die Stirn. Lukas lehnt sich zurück. »Das hört sich jetzt zwar kompliziert an, ist aber ganz einfach. Unser System tickt auftragsgetrieben. Da können wir nach jeder Auftragsprüfung den Status rübersenden. Wir haben allerdings Massendaten, also viele Auftragsprüfungen. Die Frage ist, kann das andere System mit Massendaten umgehen? Hast du was dazu gehört?« Er wendet sich mit einer lässigen Haltung seinem Kollegen zu. Timo schüttelt den Kopf. »Nein, ich habe nichts gehört. Ich kann mir auch nicht vorstellen, wie das gehen soll. Nach meinem Gefühl sollten wir das Problem anders anpacken.« »Ach, du immer mit deinem Gefühl«, sagt Phillip resignierend. »Wir brauchen Beispiele, Testfälle, dann ist die Lösung sicher bald in Sicht.«

3.2.2 Situationsanalyse

Was sich hier anbahnt, ist eine Diskussion, an deren Ende vielleicht jeder Gesprächspartner feststellt: »Da haben wir ja wieder schön aneinander vorbeigeredet.« Woran liegt das? Was behindert in dieser Situation Verständnis und Vertrauen? Jeder der Gesprächspartner ist auf einem anderen Sinneskanal unterwegs. Und scheint fast so, als könnte keiner der drei Kollegen die Welt des jeweils anderen verstehen.

Unsere Sinne arbeiten wie Seismografen

Von alters her gibt es eine Sprache der Sinne und Sinnesempfindungen. Im Allgemeinen unterscheiden wir fünf Sinne, denen sich jeweils ein Sinnesorgan zuordnen lässt. Schon Aristoteles verwendete diese Unterscheidung.

- Sehsinn – Auge – visuell
- Hörsinn – Ohren – auditiv
- Geruchssinn – Nase – olfaktorisch
- Geschmackssinn – Zunge – gustatorisch
- Tastsinn – Haut – kinästhetisch

Später wurden in der Physiologie und Psychologie weitere Sinne mit dazugehörigen Organen oder Rezeptoren entdeckt:

- Temperatursinn, Thermorezeption – Kälte- und Wärmerezeptoren in der Haut und den Schleimhäuten
- Schmerzempfindungssinn – Schmerzrezeptoren auf der Haut und im Körperinneren
- Gleichgewichtssinn – Gleichgewichtsorgan (Vestibularapparat) im Innenohr
- Körperempfindung oder Tiefensensibilität – Rezeptoren in Gelenken, Muskeln und Sehnen

Unser Körper ist also mit einer Vielzahl von Rezeptoren ausgerüstet, die permanent ihre Außeneindrücke an das Gehirn übertragen. Bestimmte Sinne können wir bewusst ausschließen, z. B. den Sehsinn, in dem wir einfach die Augen schließen oder den Geruchssinn, indem wir uns die Nase zuhalten, wenn etwas unangenehm riecht. Wie eingeschränkt unsere Wahrnehmung ist, wenn wir eines Sinnes beraubt sind, merken wir häufig bei Erkältungen. Eine Einschränkung des Geruchssinns durch eine verstopfte Nase führt dazu, dass uns das Essen weniger gut schmeckt oder wir gar keine Geschmacksunterschiede zwischen den Speisen wahrnehmen.

! Wir nehmen mit allen Sinnen wahr, auch wenn uns dies nicht immer bewusst ist.

Wir können außerdem nicht *nicht* wahrnehmen, oder anders ausgedrückt: Wir nehmen immer unsere Umgebung und uns selber wahr, auch wenn uns dies nicht immer bewusst ist, wie z. B. im Schlaf.

Die Rezeptoren unserer Sinnesorgane sind permanent in Aktion und senden ihre Signale an unser Gehirn. Verschiedene Filter sorgen dafür, dass unsere Wahrnehmung bewusst wird oder unbewusst bleibt. Dabei ist die unbewusste Verarbeitung unserer Wahrnehmung oftmals sehr hilfreich. Das Berühren einer heißen Herdplatte lässt uns automatisch die Hand wegziehen oder wir erschrecken bei einem plötzlichen lauten Geräusch und halten uns reflexartig die Ohren zu.

Viele Menschen haben einen Lieblingssinn, z.B. den Sehsinn, oder sie orientieren sich an Geräuschen. Wieder andere sind Geschmacksexperten oder empfinden besonders intensiv über Berührungen. Die Sinne zu schärfen und zu schulen, sich bewusst zu machen, was man auf welchem Sinneskanal wahrnimmt und welchen Beitrag die Wahrnehmung zum eigenen Empfinden hat, lohnt sich. Nicht nur, dass das zwischenmenschliche Verständnis verbessert wird und Vertrauen entsteht, wir haben so auch die Gelegenheit, uns selbst besser kennenzulernen.

- Welche Sinnesempfindungen stellen Sie an sich fest?
- Bei welchen Gelegenheiten ändern sich die Empfindungen?
- Wie beeinflussen Ihre Sinnesempfindungen Ihre Gefühle und Ihre Motivation?

Wenn Sie sich über diese Fragen besser kennenlernen, wird transparent, worauf Sie achten müssen, um besser verstanden zu werden. Ihre erweiterte bzw. geschärfte Aufmerksamkeit lässt Sie besser wahrnehmen, auf welchem Sinneskanal Ihr Gegenüber anspricht.

Woran erkennen wir, welchen Sinn unser Gegenüber bevorzugt? Ein erstes Indiz ist die Sprache und Wortwahl unseres Gesprächspartners. Einige Beispielsätze sollen dies veranschaulichen:

- Ihr Projektleiter behält den Zeitplan im Auge.
- Er sieht der Gefahr der Echtstart-Verschiebung gelassen ins Auge.
- Er liest seinen Kunden alle Wünsche von den Lippen ab, ohne den Mund zu voll zu nehmen.
- Er führt niemanden an der Nase herum.

Aus Sätzen, die im Gespräch verwendet werden, können Sie ebenfalls Rückschlüsse auf den bevorzugten Sinneskanal Ihres Gesprächspartners ziehen. Einige Beispiele:

Satz/Phrase	Sinneskanal
Das müssen wir genau unter die Lupe nehmen.	visuell
Hier ist der Überblick über die gewünschten Features.	visuell
Ich sehe klar die Vorteile der Lösung.	visuell
Wie hört sich diese Lösung an?	auditiv
Jetzt reden wir mal Klartext!	auditiv
Da sind wir auf einer Wellenlänge.	auditiv
Wir sollten das Problem beim Schopfe packen.	kinästhetisch
Ich fühle mich da nicht wohl in meiner Haut.	kinästhetisch
Ich habe einen positiven Eindruck.	kinästhetisch
Das ist ganz nach meinem Geschmack.	gustatorisch
Der Vertriebler hat mir Honig um den Bart geschmiert.	gustatorisch
Das ist eine komische Vertragsklausel, ich rieche den Braten schon.	olfaktorisch
Das stößt mir aber sauer auf.	olfaktorisch

Menschen mit einer Präferenz für den Geschmackssinn oder den Geruchssinn sind eher selten. Am häufigsten findet man visuell-, auditiv- oder kinästhetisch-orientierte Menschen.

Haben Sie herausgefunden, auf welchem Sinneskanal Ihr Gesprächspartner zu Hause ist, können Sie ihn über diesen Kanal am besten erreichen. Verwenden Sie Worte und sprachliche Wendungen, die zu seinem bevorzugten Sinneskanal passen.

3.2.3 Übung 6: Die eigene Sinneswahrnehmung schärfen

Dieses kleine Experiment können Sie ohne Vorbereitung sofort durchführen. Halten Sie in Ihrer Betriebsamkeit inne und nehmen Sie bewusst wahr, was Sie gerade sehen, hören, schmecken, riechen oder fühlen.

Sie können auch gezielt einzelne Alltagsgewohnheiten ruhen lassen. Wählen Sie zur Abwechslung einen anderen Weg nach Hause. Welche Farben sehen Sie?

Essen Sie zu einer Mahlzeit etwas anderes als sonst. Essen Sie ganz bewusst. Welche unterschiedlichen Geschmacksnoten fallen Ihnen auf?

Wenn Sie z.B. im Café sitzen oder im Zug auf der Heimfahrt sind, schließen Sie für eine Minute die Augen und hören Sie auf die Geräusche. Welche Geräusche nehmen Sie wahr?

Was beobachten Sie an sich? Machen Sie sich dazu Notizen:

____

____

____

____

Beobachten Sie Ihre Sprache. Welche Wörter oder Redewendungen gebrauchen Sie besonders häufig? Können Sie bei Ihren Worten einen Sinneskanal identifizieren, den Sie besonders bevorzugen? Notieren Sie Ihre Beobachtungen.

____

____

____

____

Nun wenden Sie sich Ihren Gesprächspartnern zu. Nutzen Sie dafür z.B. ein langweiliges Meeting oder die Plauderei im Freundeskreis. Welche Sätze oder Redewendungen hören Sie, in denen Sinneseindrücke vorkommen? Notieren Sie die gesammelten Formulierungen und bilden Sie eine Hypothese, mit welchem Sinneskanal Ihr Gesprächspartner besonders verbunden ist.

____

____

____

____

____

Es fällt leichter, sich der eigenen Gefühle bewusst zu werden, wenn wir von Zeit zu Zeit unsere Gefühle auf diese Weise beschreiben, quasi unter die Lupe nehmen. Mit der Zeit bekommen wir Übung in dieser Art der Selbstbeobachtung. Das hat außerdem noch einen sehr nutzbringenden Nebeneffekt. Je besser wir unsere Selbstbeobachtung trainieren, desto eher verhindern wir, dass wir unkontrolliert, also im Affekt reagieren und Dinge tun, die wir eigentlich gar nicht wollen und die uns später vielleicht sogar leidtun. Die Selbstbeobachtung hilft uns, unsere Gefühle besser zu verstehen, weil wir uns damit selber besser verstehen. Und gleichzeitig trainieren wir damit, Gefühle bei unserem Gegenüber zuverlässiger zu erkennen. Dieses Verständnis soll nicht dazu führen, dass wir unseren Mitmenschen emotionslos gegenübertreten, aber es erlaubt uns eine konstruktive, selbstbewusste Haltung in Gesprächssituationen.

In unserem Eingangsbeispiel wäre das Projekt vielleicht eskaliert, wenn Marcel Wolff seiner Wut richtig Luft gemacht und polternd den Raum verlassen hätte. Das bewusste Erkennen seines Gefühls und dem damit verbundenen Bedürfnis gibt Marcel die Chance, ein anderes Verhalten an den Tag zu legen. Statt das übliche Standardverhalten abzuspulen, konnte er überraschend anders reagieren. Zum Beispiel hätte er das Gespräch verschieben können, mit der Bitte, dass alle Beteiligten das Fachthema noch einmal überdenken.

3.3.3 Übung 7: Gefühlsfacetten genau beschreiben

Denken Sie an ein Gefühl, dass Sie vor Kurzem hatten. Dabei ist es egal, ob es ein positives oder negatives Gefühl war, ob Sie es bei der Arbeit, in der Freizeit oder im Familienkreis erlebt hatten. Beschreiben Sie das Gefühl. Nehmen Sie im Zweifel die Gefühlsliste zu Hilfe (s. o.).

Dann beschreiben Sie bitte das Gefühl anhand der folgenden Dimensionen:

Dimension	Diese Frage stelle ich mir	Beschreibung
Gefühle	Wie kann ich mein Gefühl beschreiben?	
Gedanken	Was denke ich über mich?	
Neigungen	Was würde ich tun, wie würde ich mich verhalten?	
Gesichtsausdruck	Wie hat sich das Gefühl in meinem Gesicht ausgedrückt?	
Körperempfindungen	Welche Empfindungen habe ich an mir wahrgenommen?	
Bedürfnis	Welches Bedürfnis steckt dahinter?	

3.4 Die Aufmerksamkeit des Publikums gewinnen

3.4.1 Aus dem Projektalltag

Die Kollegen haben sich vorbereitet. Heute soll eine wichtige Präsentation bei einem potenziellen Neukunden stattfinden. Der Vertriebsleiter Christoph Schreiber hat nicht nur einen seiner Mitarbeiter mitgebracht, sondern auch einen erfahrenen Pre-Sales-Consultant. Der soll bei fachlichen Fragen nach Lösungen in der Software gleich eine qualifizierte Antwort geben. Man rechnet sich gute Chancen aus, den Neukunden zu begeistern und am Ende der Präsentation einen Schritt weiter zu sein.

Die Teilnehmer auf der Kundenseite sitzen auch bereits im Raum, der Geschäftsführer Thomas Beck, der Marketingleiter Marcus Sommer und der Finanzchef Stefan Baumann. Dann noch zwei weitere Teilnehmer aus den Fachbereichen, die die Key User repräsentieren.

Christoph beginnt mit der Begrüßung und stellt als Erstes die Firma vor. Fünf Folien lang berichtet er über die Gründung des Unternehmens bis zum Stand heute, die wichtigen Kunden auf der Referenzfolie und die Produkte, die angeboten werden. Nach ca. 20 Minuten kommt er zu dem Thema, um das es im Meeting geht.

Die Welt des logischen Denkens

Die Welt der Bilder und des bildhaften Denkens

Die Welt der Gefühle und Empfindungen

Die Welt der Handlungen, die Außenwelt

Tipp !

Das gerade im Marketing und beim Webdesign so beliebte Storytelling spricht besonders das bildhafte Denken an. In die gleiche Kategorie fallen Präsentationen mit dem Tool Prezi (https://prezi.com).

4.2 Missverständnisse in der Kommunikation mit dem Kunden

4.2.1 Aus dem Projektalltag

Martin Keller fährt zur Präsentation des neuen Softwaremoduls zu seinem Kunden. Er ist voller Stolz und Vorfreude, denn er findet seine Lösung sehr gelungen. Begeistert erklärt er, wie gut das Modul zu den Anforderungen passt. Doch die Reaktion der Zuhörer ist ganz anders als erwartet.

Alexander Stein, der Fachbereichsleiter, kommentiert die Präsentation mit diesen Sätzen:

- »Damit kann ich nichts anfangen.«
- »So hatten wir uns das nicht vorgestellt.«
- »Das können wir so nicht gebrauchen.«

Und der etwas cholerische IT-Leiter Andreas Winter wählt eine noch deutlichere Sprache:

- »Was haben Sie da für einen Mist gebaut?«
- »Wieso liefern Sie uns solchen Murks?«
- »Haben Sie überhaupt verstanden, was wir brauchen?«

Mit einem Schlag fällt Martins Begeisterung in sich zusammen. Er ist frustriert, enttäuscht, vielleicht sogar wütend. Es kann doch nicht sein, dass niemand seine gute Arbeit zu würdigen weiß. Mit einem Kloß im Hals stammelt er etwas von »so abgesprochen« und »steht aber so im Vertrag«. Und damit beginnt dann eine dieser »angeregten« Debatten über Martins Qualifikation einerseits und die mangelhafte Klarheit der Anforderungen auf der anderen Seite. In einer solchen Diskussion beginnen die meisten Sätze mit »Ja, aber ...«, was nichts anderes bedeutet als »stimmt nicht«. Die Vorstellung der Software, auf die Martin und sein Team sich so gefreut hatten, endet im Streit und am Ende bricht Andreas Winter das Meeting genervt ab, um mit krachender Tür den Raum zu verlassen.

So oder so ähnlich enden erschreckend viele Sitzungen zwischen Kunden und IT-Dienstleistern. Es ist ein Konflikt entstanden, der mit viel Aufwand und Mühe, ja meistens auch mit Zugeständnissen des Dienstleisters wieder aufgelöst werden muss. Wir fragen uns hier: Wie lassen sich solche Situationen vermeiden? Was können wir tun, damit es gar nicht so weit kommt?

4.2.2 Situationsanalyse

Gehen wir zurück an den Anfang des Projekts. In einer Reihe von Gesprächen und Workshops entsteht hier eine *Anforderungsspezifikation,* ein Pflichtenheft oder in Zeiten agiler Softwareentwicklung gleich mehrere *User-Stories.* Die Ergebnisse erscheinen dann in Form mehr oder weniger langer Textdokumente, die möglichst genau alles zusammenfassen, was die neue Software leisten soll. Diese wird dem Kunden zur Freigabe vorgelegt. So läuft das in aller Regel und damit, so meinen wir, haben wir alle Quellen von Missverständnissen beseitigt. Doch wie kommt es dann zu dem beschriebenen Missverständnis und den wechselseitigen Enttäuschungen?

Da unsere innere Welt aus unterschiedlichen Bereichen besteht und wir in der Regel nicht wissen, welcher Bereich bei unserem Gegenüber besonders ausgeprägt und entwickelt ist, empfiehlt es sich, im Sinne einer ganzheitlichen Kommunikation alle Welten anzusprechen (vgl. Kapitel 4.1):

- die Welt des logischen Denkens,
- die Welt der Bilder und des bildhaften Denkens,
- die Welt der Gefühle und Empfindungen und
- die Welt der Handlungen.

Nehmen Sie ein aktuelles Pflichtenheft zur Hand. Schlagen Sie die Beschreibung für eine beliebige Funktion auf und markieren Sie mit vier unterschiedlichen Farben die Textstellen, die eine der vier Welten ansprechen:

- die Welt des logischen Denkens in blau,
- die Welt der Bilder in grün,
- die Welt der Gefühle in rot und
- die Welt der Handlungen in gelb.

Wenn Sie nun die verschiedenen Markierungen abzählen, haben Sie gute Chancen, eine absolute Mehrheit, also mehr als 50%, in blauer Markierung vorzufinden. Der Anteil der rot markierten Sätze im Pflichtenheft wird wahrscheinlich bei 0% liegen.

Wir halten uns viel auf unsere nüchterne, sachliche Sprache im geschäftlichen Umgang zugute. Wir sind geradezu gedrillt darauf, die »blaue Welt« zu bedienen. Das wirkt dann professionell und objektiv. Nur leider führt diese vermeintliche Objektivität oft zu Missverständnissen, wie unser Eingangsbeispiel zeigt. Denn wir Menschen sind eben nicht – auch nicht im Berufsleben – auf die »blaue« Welt des logischen Denkens zu reduzieren. Unser Gehirn schert sich keinen Deut um diese Beschränkung. Mehr noch, unsere Wahrnehmung ist in aller Regel vorrangig *nicht* durch das »blaue«, logische Denken bestimmt. Wir nehmen vielmehr vorrangig Bilder und Gefühle wahr, also grün und rot. Ob uns das nun passt oder nicht. Warum sonst erschließen sich uns die Inhalte bei einem guten Roman so viel leichter als bei einem wissenschaftlichen Sachbuch?

Was wirklich passiert

In der Anforderungsanalyse erklärt uns der Kunde, was er will. Er hat dabei ein sehr genaues Bild (!) im Kopf. Nur kann er dieses Bild nicht malen, sondern er muss es erklären. Das führt zu einer ersten Transformation – oder sagen wir besser Verzerrung, Deformation – seines eigentlichen Anliegens. Indem Sie versuchen, die Anforderungen Ihres Kunden genau zu verstehen, geschieht die zweite Transformation, die wieder mit Verzerrungen einhergeht. Denn Sie hören bei Weitem nicht alles, was Ihr Gegenüber sagt. Ihr Gehirn filtert die Worte Ihres Kunden, ohne dass Sie dies beeinflussen könnten.

Das wichtigste Werkzeug in der Projektleitung ist nicht der Projektplan oder die Risikobewertung (so bedeutsam beide Tools auch sind). Das wichtigste Werkzeug ist die Kommunikation.

Das »Nein« im Licht des Vier-Ohren-Modells
Wir empfinden ein »Nein« oft als persönliche Niederlage. Wir fühlen uns als Menschen zurückgewiesen. So erleben wir ein »Nein«, wenn wir es bekommen. Und genau dieses Gefühl möchten wir unserem Gegenüber ersparen. So »eiern« wir herum, schleichen wie die Katze um den heißen Brei. Unsere Schwierigkeiten beim Nein-Sagen resultieren aus einer zutiefst menschlichen und liebenswerten Empathie für unser Gegenüber. Wenn es uns schwer fällt, »Nein« zu sagen, so ist das eine menschliche Stärke.

Auf der anderen Seite können und wollen wir es auch nicht immer jedem recht machen. Wir haben ein Projektziel vor Augen, das es zu erreichen gilt. Wir haben eigene Wünsche und Bedürfnisse, die sich nicht immer mit den Wünschen und Erwartungen unserer Umwelt decken. Und schließlich kommt es vor, dass wir mit gegenläufigen Erwartungen konfrontiert werden. Ihr Chef hat für 18.00 Uhr eine zweistündige Besprechung anberaumt. Ihr Lebensgefährte möchte mit Ihnen um 19.00 Uhr wie verabredet ins Kino. Was machen Sie in einer solchen Situation?

Es gibt offenbar Gründe genug für die Frage: »Wie sage ich Nein, ohne dabei meine Empathie zu verlieren?«

Eine erste Antwort liefert das Vier-Ohren-Modell selbst. Erinnern wir uns an die vier versteckten Botschaften. Die Kollegen fragen zum Feierabend: »Gehst du noch mit auf ein Bier?« Sie haben aber keine rechte Lust und sagen »Nein«. Diese Antwort lässt sich mit dem Vier-Ohren-Modell analysieren:

- Sachbotschaft (»Nein, ich werde nicht mitkommen.«)
- Selbstkundgabe-Botschaft (»Mir steht der Sinn nach etwas anderem.«)
- Beziehungsbotschaft (»Ihr seid keine angenehme Begleitung.«)
- Appellbotschaft (»Lasst mich in Ruhe!«)

Wir haben gelernt, wie problematisch es ist, wenn Nachrichten auf dem Beziehungsohr gehört werden. Genau das passiert aber häufig bei einem »Nein«.

Aus: »Nein, die Vorgehensweise trage ich nicht mit.«

wird dann beim Empfänger leicht:

»Du bist als Projektleiter ungeeignet.«

Aus: »Wir werden Ihren Vorschlag nicht weiter verfolgen.«

wird etwa:

»Sie haben keine guten Ideen.«

Mit dem Wechsel von der Sach- auf die Beziehungsebene geht es nicht mehr um die konkrete Sache, über die entschieden wird, es geht um die Person! Und für die steht es damit nicht zum Besten. Dass all das bei einem »Nein« mitschwingt, spüren wir sehr genau. Deshalb fällt es schwer, dem Empfänger eine solche Nachricht zuzumuten.

Auch im Privatleben kommen wir nicht zurecht, ohne dass wir Wünsche, Erwartungen oder Anweisungen anderer gelegentlich zurückweisen. Ebenso müssen wir in unserer Rolle als Projektleiter, wie in jeder Führungsverantwortung, von Zeit zu Zeit klare Kante zeigen und Entscheidungen treffen, die nicht immer jedem behagen. Es lohnt sich also, darüber nachzudenken, wie uns das zukünftig leichter von der Hand geht, ohne dass es für unser Gegenüber zur Niederlage wird.

Dafür stehen Ihnen drei verschiedene Gesprächsstrategien zur Verfügung.

Gesprächsstrategie 1: Zurück auf die Sachebene
Die Grundidee: Verstopfen Sie das Beziehungsohr Ihres Gesprächspartners. Das geht am besten, indem Sie ankündigen: »Ich sende jetzt auf dem Sach-Kanal.« Nur hört sich diese Formulierung etwas gekünstelt an. Wie gefallen Ihnen dagegen diese Formulierungen?

- »Es gibt rein sachliche Gründe für die Entscheidung für einen anderen Vorschlag. Die will ich gern erläutern.«
- »Neben Ihrem Vorschlag gab es eine Alternative, für die eine Reihe sachlicher Gründe sprachen.«

Dieser Ansatz eignet sich sehr gut für rational orientierte, »verkopfte« Menschen, also jene, die in der Welt des logischen Denkens zu Hause sind (vgl. Kapitel 2.1).

Gesprächsstrategie 2: Die explizite Empathie
Gesprächspartner mit eher emotionaler Prägung, also diejenigen, die die Welt der Gefühle und Empfindungen bevölkern, erreichen Sie besser, indem Sie zunächst explizit wertschätzende Nachrichten auf dem Beziehungskanal senden:

- »Ich gehe sehr gern mit dir aus. Heute allerdings steht mir der Sinn mehr danach, zu Hause bleiben.«

Oder ein Beispiel aus dem Projektalltag:

- »Sie wissen, wie sehr ich Ihre kreativen Ideen schätze. Ich will Ihnen gern erläutern, was für die Alternative gesprochen hat, zu der wir uns entschieden haben.«

Achtung: Bei dieser Gesprächsstrategie müssen Sie sehr kritisch mit sich selber sein. Die einleitende Beziehungsbotschaft tut nur dann ihre Wirkung, wenn sie authentisch und damit glaubwürdig ist. Leider verpufft sie im anderen Fall nicht einfach. Sie wirkt zerstörerisch auf der Beziehungsebene. Sie richten dann einen größeren sozialen Schaden an, als wenn Sie Gesprächsstrategie 1 anwenden.

Daher sollten Sie vorher überlegen, was Sie an Ihrem Gesprächspartner *wirklich* schätzen. Vermeiden Sie Worthülsen und vorgefertigte Standardphrasen. Nur wenn Sie es wirklich meinen, nimmt es Ihr Gegenüber auch ernst.

Gesprächsstrategie 3: Gemeinsam nach alternativen Lösungen suchen
Häufig ist die Welt nicht einfach schwarz oder weiß. Stellen Sie sich folgende Gesprächssituationen vor:

- Sie müssen den Urlaubswunsch Ihres Teilprojektleiters Stefan ablehnen, weil unerwartete Schwierigkeiten im Projekt seine Anwesenheit in der kommenden Woche erforderlich machen.
- Sie stehen vor der Aufgabe, Ihrem Auftraggeber mitteilen zu müssen, dass Sie die geplante Schulung in zwei Wochen nicht durchführen werden.
- Sie sind auf dem Weg zum Fachbereichsleiter, um ihm zu erklären, dass seine Zusatzwünsche aus dem letzten Workshop nicht umgesetzt werden.

Mit welchem Gefühl gehen Sie in jedes der drei Gespräche? Sie wissen, dass Sie Enttäuschung auslösen werden. Sie ahnen, dass keiner der Gesprächspartner Ihnen um den Hals fallen wird. Sie befürchten Widerstand und vielleicht auch aggressive Reaktionen. Dadurch sind Sie schon verunsichert, bevor das Gespräch überhaupt beginnt. Üblicherweise nimmt das Gespräch etwa den folgenden Verlauf:

Sie: »Ich habe schlechte Nachrichten für dich. Deinen Urlaubsantrag musste ich ablehnen.«

Stefan: »Das geht nicht. Ich habe Arzttermine und außerdem muss ich …«

Sie: »Stefan, es tut mir leid. Aber wir brauchen dich hier.«

Stefan: »Das mag sein. Aber ich habe auch noch ein Leben neben der Arbeit.«

Sie: »Wie gesagt, es tut mir leid. Ich werde deinen Urlaub nicht genehmigen.«

Stefan: »Rutsch mir den Buckel runter.«

Sie sind keinen Schritt weiter. Dafür haben Sie den Grundstein für einen neuen Konflikt mit Ihrem Mitarbeiter gelegt!

In den anderen beiden Gesprächssituationen werden Sie voraussichtlich in hitzige Debatten darüber verstrickt, warum Sie so störrisch sind, so »unfähig« zu verstehen, wie wichtig das ist. Zunehmend verläuft das Gespräch wie ein Verhör:

- »Wieso geht das nicht?«
- »Warum können Sie das nicht?«
- »Weshalb haben Sie nicht schon vorher …«

Am Ende hören Sie nicht selten Sätze wie »Es ist mir egal, wie Sie das anstellen, tun Sie es einfach«. Türen fallen hinter knallroten Köpfen ins Schloss. Sie sind erneut keinen Schritt weiter, aber verstört ob Ihrer gefühlten Hilflosigkeit.

Alternativen erarbeiten

Bevor Sie in solche Gespräche gehen, bereiten Sie sich sorgfältig vor. Lösen Sie sich von der »alles oder nichts«-Perspektive. Nein, Stefan bekommt keine Woche Urlaub, aber vielleicht sind zwei Tage drin? Die Schulung kann in zwei Wochen nicht stattfinden. Aber womöglich können Sie einen ersten Teil der Schulung in der Woche ab Donnerstag durchführen. Die Zusatzwünsche lassen sich so nicht alle umsetzen. Unter Umständen können Sie aber eine bereits vereinbarte Funktion gegen eine besonders wichtige aus dem Zusatzpaket tauschen. Es kann auch sein, dass der Fachbereich bereit ist, zwei Wochen zusätzliche Zeit zur Verfügung zu stellen. Oder, oder, oder... Denken Sie nach und führen Sie das Gespräch in einem gedanklichen Kosmos der Vielfalt. Das erfordert Kreativität und Flexibilität, ja! Nur ohne diese Eigenschaften wären Sie nicht Projektleiter.

Und dann läuft das Gespräch mit Stefan plötzlich so (oder so ähnlich):

Sie: »Ich habe schlechte Nachrichten für dich. Deinen Urlaubsantrag musste ich ablehnen.«

Stefan: »Das geht nicht. Ich habe Arzttermine und außerdem muss ich ...«

Sie: »Wenn du einen dringenden Arzttermin hast, was hältst du davon, wenn wir uns auf zwei Tage statt einer Woche Urlaub einigen.«

Stefan: »Zwei Tage statt einer Woche?«

Sie: »Ja, Stefan, das könnten wir sicher abbilden, ohne das Projekt zu gefährden.«

Stefan: »Na ja, wenn es so sein muss. Meinen Arzttermin habe ich am Dienstag. Den brauche ich auf jeden Fall.«

Sie: »Einverstanden. Wie wäre es, wenn du den zweiten Tag am Freitag nimmst?«

Stefan: »Ja, das ist ok für mich.«

Sie: »Das finde ich prima. Danke für dein Verständnis.«

Das klingt zu schön, um wahr zu sein? Einen Fachbereichsleiter überzeugen Sie nicht so einfach? Der Gesprächsverlauf in diesem Beispiel ist stark abgekürzt. Im wahren Leben werden Sie über mögliche Alternativen engagiert diskutieren. Sie werden Vorschläge von der anderen Seite bekommen und diese schnell beurteilen müssen. Aber das Wichtigste ist doch: Sie diskutieren mit Blick auf eine mögliche Lösung, einen Ausweg aus dem Dilemma. Vergleichen Sie das mit der bisherigen Situation. Dort diskutierten Sie darum, was und warum es *nicht* geht. Sie stecken mitten in einer Konfrontation und stehen unter ständigem Rechtfertigungsdruck. Und hier ringen Sie gemeinsam mit Ihrem Gegenüber um die beste Lösung.

Trotz aller guter Vorbereitung kann es sein, dass Ihr Auftraggeber Sie mit einer der folgenden Strategien konfrontiert:

- Er bleibt hartnäckig und besteht darauf, dass alles so gemacht wird, wie er es will. Er akzeptiert keine anderen Vorschläge.
- Er stellt immer wieder Fragen, die Ihre Kompetenz infrage stellen. (»Wieso fällt Ihnen nichts Vernünftiges ein? Warum haben Sie nicht schon vor drei Wochen zusätzliches Personal besorgt? Wieso fällt es Ihnen so schwer, den Projektplan zu überarbeiten?«)

Gewöhnen Sie sich an, im gesamten Gesprächsverlauf nur davon zu reden, was geht. Vermeiden Sie Formulierungen, die erläutern, dass etwas *nicht* geht. Lesen Sie mehr dazu in Kapitel 5.4 »Schlechte Projektnachrichten kommunizieren«.

4.3.3 Übung 11: Was könnte hinter einem »Nein« stecken?

Skizzieren Sie – wie oben im Text – für das Gespräch mit Stefan die beiden Gesprächsstrategien 1 und 2 für die Situationen mit Ihrem Auftraggeber (wegen der Schulung) und mit dem Fachbereichsleiter. Versuchen Sie, andere Lösungen zu finden als im Text bereits dargestellt (Gesprächsstrategie 3). Wiederholen Sie diese Übung noch einmal für eine Gesprächssituation, in der Sie »Nein« sagen mussten. Anschließend markieren Sie bitte jedes »Aber« in Ihrem Dialog. Dann formulieren Sie so, dass Sie ohne ein einziges »Aber« auskommen.

Anwendung des Vier-Ohren-Modells

Für die folgende Übung wenden Sie das Vier-Ohren-Modell auf das Nein-Sagen an. Sie sind der Empfänger. »Zerlegen« Sie die folgenden drei Sätze aus der Projektpraxis in die vier Botschaften aus dem Vier-Ohren-Modell.

1. »Was Sie uns hier vorstellen, können wir überhaupt nicht gebrauchen.«
2. »Wieso dauert das alles immer so lange bei Ihnen?«
3. »Ich denke nicht im Traum daran, für diese Funktion extra zu bezahlen.«

Folgen Sie dem Beispiel in der Tabelle.

»Ich habe gerade keine Zeit.«	
	Ich empfange
Sachebene	Mein Gegenüber ist in Eile.
Selbstkundgabe	Ich lege Wert auf Pünktlichkeit.
Beziehung	Sie sind zu unwichtig, als dass ich mich durch Sie aufhalten ließe.
Appell	Melden Sie sich später; lassen Sie mich in Ruhe.

Beispiel 1:

»Was Sie uns hier vorstellen, können wir überhaupt nicht gebrauchen.«	
	Ich empfange
Sachebene	
Selbstkundgabe	
Beziehung	
Appell	

Beispiel 2:

»Wieso dauert das alles immer so lange bei Ihnen?«	
	Ich empfange
Sachebene	
Selbstkundgabe	
Beziehung	
Appell	

Beispiel 3:

»Ich denke nicht im Traum daran, für diese Funktion extra zu bezahlen.«	
	Ich empfange
Sachebene	
Selbstkundgabe	
Beziehung	
Appell	

Und wenn Sie Spaß daran gefunden haben, nehmen Sie sich Ihren eigenen Unternehmensclaim in der gleichen Art und Weise vor.

Unternehmensclaim: »...«	
	Ich empfange
Sachebene	
Selbstkundgabe	
Beziehung	
Appell	

4.4 Die eigenen Körpersignale beachten

4.4.1 Aus dem Projektalltag

Im Büro ist die Anspannung zu spüren, sobald man den Raum betritt. Seit Wochen arbeiten die Entwickler und Tester an den letzten Fehlern, bevor die neue Software beim Kunden live geschaltet wird. Die letzten vier Wochenenden wurde durchgearbeitet. Der Teamleiter Phillip Kühn streckt sich in seinem Stuhl und fasst sich plötzlich an den Rücken. »Oh je, schon wieder die Bandscheibe«, stöhnt er. »Hab dich nicht so«, meint der Kollege Christoph Schreiber. »Ich sitze hier schließlich seit fünf Stunden, ohne mich groß bewegt zu haben und stöhne auch nicht«. »Ich gehe jetzt«, sagt Julian Becker, der Tester im Team. »Mir reicht's. Ich muss mich um die Familie kümmern. Meine Frau ist schon ganz sauer.« Er legt sich die Finger an die Schläfen und massiert den Kopf mit kreisenden Bewegungen. Die Kollegen beklagen sich, beneiden ihn aber insgeheim. »Hoffentlich kommt morgen auch unser Key-Account mit. Der hat die letzten Male immer wieder kurz vor dem Termin abgesagt, angeblich wegen Herzproblemen«, bemerkt Phillip mit leicht verzweifeltem Unterton in der Stimme. »Sonst muss ich wieder seine Rolle übernehmen und das bei unserem anstrengenden und fordernden Kunden.«

So oder so ähnlich klingt es am Freitag spät Nachmittag in einem Softwarehaus. Die Anspannung aus der Arbeit der vergangenen Wochen, der bevorstehende Echtstart der Softwarelösung, die schmale Personaldecke – all das hinterlässt bei den Teammitgliedern seine Spuren. Das äußert sich auch in körperlichen Beschwerden wie in Rückenschmerzen, Steifigkeit der Glieder, Kopfschmerzen und Herzproblemen. Ob die Mitarbeiter auf ihren Körper hören und bewusst wahrnehmen, was ihr Körper ihnen sagen will?

4.4.2 Situationsanalyse

Körper und Seele gehören zusammen. Diese Alltagsweisheit scheinen wir immer wieder zu vergessen. Unser Körper ist ein Spiegelbild dessen, was uns beschäftigt und belastet. Und gleichzeitig beeinflusst unser Körper unsere Gemütslage. Körper und Seele sind zwei miteinander verwobene Aspekte des Menschen. Probleme und Konflikte, aber auch Freude und Wohlbefinden zeigen sich auch in unserem Körperbefinden. Das wussten schon die Menschen in der Antike. Selbst in der Bibel finden wir einen entsprechenden Hinweis auf die Verbindung unseres emotionalen Befindens mit körperlichen Reaktionen: »Ein fröhliches Herz tut dem Leibe wohl; aber ein betrübtes Gemüt lässt das Gebein verdorren« (Altes Testament, Sprüche 17:22). Auch unsere Alltagssprache ist reich an Sprichwörtern und sprachlichen Bildern, die diesen Zusammenhang zum Ausdruck bringen. Eine kleine Auswahl:

- Die Nase voll haben
- Es schnürt mir den Hals zu
- Da bleibt mir die Luft weg
- Mir stinkt das Ganze
- Jemanden nicht riechen können
- Jemand traut seinen Ohren nicht
- Ich höre wohl nicht recht
- Jemand hat keinen Biss
- Hast du das immer noch nicht gefressen
- Jemand ist angefressen
- Jemanden auf dem falschen Fuß erwischen
- Da schlägt mir was auf den Magen
- Da bleibt mir die Spucke weg
- Etwas geht mir an die Nieren
- Mir ist eine Laus über die Leber gelaufen
- Angst kriecht über meinen Rücken
- Halt die Ohren steif!
- Im eisernen Griff sein
- Aus der Haut fahren
- Sich Hals- und Beinbruch wünschen
- Honig ums Maul schmieren
- Die Zähne zusammenbeißen
- Einen Klotz am Bein haben
- Weiche Knie bekommen

Achten Sie einmal auf solche Sprichwörter und Wendungen. Wer gebraucht sie wann? Und wie oft? Sind Sie es selber oder ist es Ihr Gesprächspartner?

Wir haben verlernt, unseren Körper zu beobachten, seine Reaktionen wahrzunehmen und darauf zu hören, was uns unser Körper sagen will. Manchmal muss der Körper versagen, einige Tätigkeiten einstellen oder richtig krank werden, bevor wir genauer hinsehen und hinhören.

Der Körper sendet uns Signale

Unser Körper ist immer aktiv. Er sendet uns permanent Signale, die wir mehr oder weniger bewusst wahrnehmen. Dabei lohnt es sich, den eigenen Körper zu beobachten und bewusst zu spüren.

- Bemerken wir, dass wir immer die Schulter nach oben ziehen und die Luft anhalten, wenn der Chef den Raum betritt?
- Erleben wir, wie der Puls hörbar klopft und die Röte uns ins Gesicht steigt, wenn eine wichtige Präsentation ansteht, auf die wir nur mäßig vorbereitet sind?
- Spüren wir den Kloß im Hals, der uns jedes Mal wieder verstummen lässt, wenn der Kunde am Servicetelefon sich beklagt?
- Bekommen wir mit, wenn immer wieder die Fingernägel der rechten Hand abbrechen?
- Bemerken wir, wie ein Brustgurt uns förmlich die Luft abschnürt, wenn eine bestimmte Situation eintritt?

Der Körper hat seine eigene Sprache, um uns etwas zu sagen oder wichtige Fragen aufzuwerfen.

Körpersignal	Was will uns der Körper sagen, welchen Hinweis geben?
Kopfschmerzen	Etwas macht Kopfzerbrechen.
Kopfschmerzen vorne an der Stirn	Etwas Neues wird gelernt, will gelernt werden.
Rückenschmerzen	Etwas Schweres wird getragen, häufig eine Pflicht.
Schulterschmerzen	Eine Last wird auf den Schultern getragen.
Magenschmerzen	Etwas liegt schwer im Magen, ist schwer zu verdauen, häufig Ärger.
Darmbeschwerden	Etwas wird nicht richtig verdaut, man kann sich von etwas nicht trennen.
In der rechten Körperhälfte ist etwas zu spüren	Dominanz und Durchsetzungskraft wollen unterstützt werden.
In der linken Körperhälfte ist etwas zu spüren	Gefühl und Sensibilität wollen unterstützt werden.

Körpersignal	Was will uns der Körper sagen, welchen Hinweis geben?
Herzschmerzen	Eine Herzensangelegenheit macht sich bemerkbar.
Symptome der Haut	Ein Konflikt macht sich bemerkbar, sich in seiner Haut nicht wohl fühlen, Austarieren von Nähe und Distanz.
Zahn- oder Kieferbeschwerden	Aggression möchte erkannt werden, etwas kann sich nicht richtig gegen Angriffe wehren.
Beschwerden an den Armen	Die Handlungsfähigkeit ist eingeschränkt.
Beschwerden an den Beinen	Fortschritt, Entwicklung sind eingeschränkt.
Kloß im Hals	Etwas verschlägt einem die Sprache, ist schwer zu schlucken.
Ohrgeräusche	Etwas von außen will nicht mehr gehört werden. Etwas aus dem Inneren will sich Gehör verschaffen.

Es lohnt also, sich gerade in angespannten Situationen die Zeit zu nehmen, die Signale des Körpers bewusst wahrzunehmen und auf seine Fragen und Hinweise zu hören. Dann kann der Teamleiter merken, dass ihm die Last der Verantwortung in der Kommunikation mit dem Kunden zu viel wird. Der Softwareentwickler spürt, dass die immer gleichen Aufgaben seine Weiterentwicklung in Richtung Business Consultant behindern. Und der Tester registriert an sich das Kopfzerbrechen, das ihm die Frage bereitet, wie er seine Frau beruhigen kann.

Unser Körper zeigt uns meistens schon zu einem sehr frühen Zeitpunkt, dass etwas aus dem Lot ist. Der erste Schritt, das zu bemerken, ist, seinen Körper sehr bewusst wahrzunehmen und dort hinzufühlen, wo es zwickt, zwackt, stört, sich komisch anfühlt oder schmerzt.

Nutzen Sie die Hinweise und Nachrichten Ihres Körpers, um sich über Ihre Bedürfnisse klar zu werden und ihnen nachzugehen. Wie das gelingt, lesen Sie in Kapitel 3.1.

Unsere Übung zeigt Ihnen einen einfachen Weg, Zugang zu Ihrem Körper mit seinen Signalen zu finden.

4.4.3 Übung 12: Die Signale des Körpers in eine Körperskizze eintragen

Setzen, stellen oder legen Sie sich bequem hin. Richten Sie Ihre Aufmerksamkeit auf Ihren Körper. Wo hat Ihr Körper Kontakt zum Stuhl, Sessel, Boden oder zur Liegematte? Wo zwackt es gerade? Wo fühlt es sich nicht bequem und entspannt an? Wo spüren Sie eine Verspannung? Schlafen Ihnen Gliedmaßen ein? Spüren Sie an bestimmten Stellen ein Unwohlsein?

Gehen Sie in Gedanken durch Ihren ganzen Körper, seine Vorder- und Rückseite. Kommen Sie an allen Gliedmaßen und Organen vorbei. Richten Sie Ihre Aufmerksamkeit auf diejenigen Körperstellen, an denen Sie sich nicht wohl fühlen.

Notieren Sie Ihre Beobachtungen in der Körperskizze. Markieren Sie die Stellen, an denen Sie etwas spüren, und machen Sie Ihre Notizen zu diesen Stellen.

Haben Sie eine Idee, was Ihr Körper Ihnen mitteilen will? Dann notieren Sie die Mitteilungen ebenfalls in der Skizze, vielleicht in einer anderen Farbe.

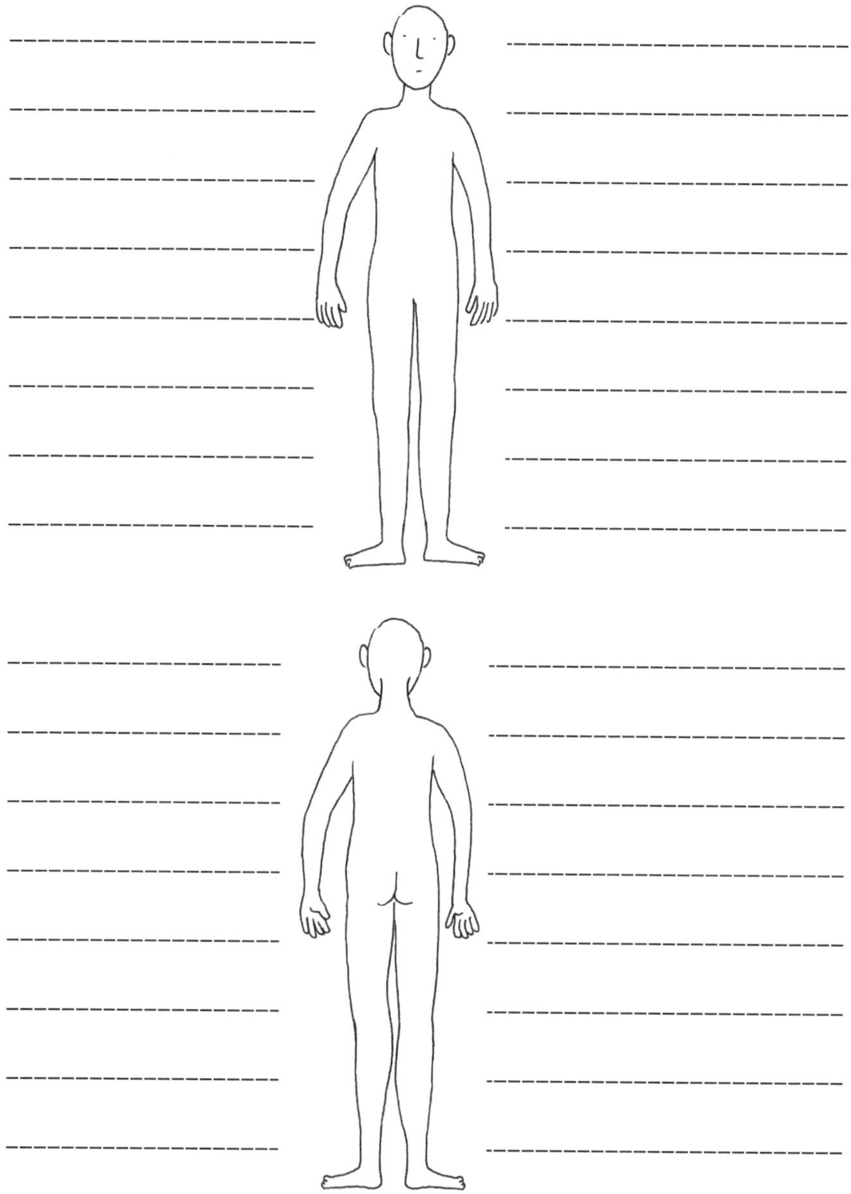

Hinweis: Natürlich können Körperbeschwerden auch auf mögliche Krankheiten hinweisen. Wenn Sie sehr starke oder dauerhafte Beschwerden haben, suchen Sie einen Arzt auf. Die eigene Beobachtung des Körpers mit seinen Reaktionen kann im Ernstfall selbstverständlich keine gründliche medizinische Diagnose ersetzen.

5 Führungsaufgaben im Projektteam

Zusatzmaterialien zu diesem Kapitel finden Sie unter:
www.crashkurs-it-projektleitung.de/fuehrung

5.1 Die Rolle des Projektleiters einnehmen

5.1.1 Aus dem Projektalltag

»Sie haben in vielen Projekten gute Ergebnisse erzielt. Sie helfen den Kollegen und Sie sind bei unseren Kunden sehr angesehen. Kurz und gut, Sie haben gezeigt, dass Sie zu mehr berufen sind. Deshalb freue ich mich, Sie zum Projektleiter zu ernennen.«

Mit diesen oder ähnlichen Worten werden die meisten Softwareentwickler zu Projekt- oder Teamleitern befördert. Und von einem Tag auf den anderen ist nichts mehr wie vorher. Aber was im ersten Augenblick wie eine Anerkennung für gute Arbeit aussieht, entpuppt sich nach einiger Zeit als die Ursache von Magenbeschwerden, Schlafstörungen und gelegentlich sogar dem Scheitern einer Partnerschaft.

Doch was hat sich mit der Übernahme einer Projektleiterposition genau geändert? Schließlich beginnt eine Führungskarriere nicht mit der Leitung eines Bereichs mit 250 Mitarbeitern. Die ersten Schritte kommen auf vermeintlich leisen Sohlen. Drei Mitarbeiter im Team, vier Entwickler im Projekt. Da kann der Leiter ja durchaus noch mitarbeiten. Er muss eben nur ein bisschen weniger programmieren und dafür Aufgaben verteilen. Das ist doch nicht die Welt!

»Regeln« nicht so eng und damit die Spielräume beim Programmieren größer. Aber die zugrunde liegende mentale Haltung kann immer noch dieselbe sein. »Wenn ich nicht gegen Regeln verstoße, kann man mir nichts vorwerfen.« Ob das Ergebnis am Ende trägt, ist nicht die erste Sorge des Softwareentwicklers. Selbstverständlich interessieren sich viele Softwareentwickler auch für das Resultat ihrer Arbeit und die Wirkung im Ganzen. Sie tun mehr, als sie eigentlich müssten. Wir meinen hier die anderen.

Auf der anderen Seite gibt es die Rolle des Vorstands. Er ist *verantwortlich* für den Erfolg des Unternehmens, dafür, dass alle Mitarbeiter ihr Gehalt und die Anteilseigner ihre Rendite bekommen. Er ist verantwortlich dafür, dass Sie sich an geltendes Recht halten. Dabei hilft ihm kein »Prozesshandbuch« und niemand interessiert sich für die Details seiner Lösungswege. Ein Vorstand wird nicht gefeuert, weil er Lösungen auf neuen Wegen findet. Wenn er gefeuert wird, dann wegen unzureichender Rentabilität oder roter Zahlen.

Die Position des Projektleiters steht in gewisser Weise zwischen der des Softwareentwicklers und der eines Vorstandsmitglieds. Es gibt eine Menge Regeln, an die Sie sich als Projektleiter halten müssen. Auch für die Projektleitung gibt es in professionellen Unternehmen ein Prozesshandbuch. Dieses Prozesshandbuch beschreibt, wann und in welcher Form Sie dem Management den Projektstatus zur Verfügung stellen. Aber es hilft Ihnen nicht, wenn es darum geht, einen aufgebrachten Kunden wieder zurück ins Boot zu holen (wie übrigens die meisten Inhalte des Prozesshandbuchs wenig Erhellendes zu den wirklich wichtigen Fragen der Projektleitung sagen).

Ja, es gibt Regeln: Sie berichten monatlich der Geschäftsführung mittels der Formulare P31 und P32a den Projektstand. Sie füllen pflichtschuldig die Ressourcenplanung für die nächsten vier Wochen im Projektmanagement-Tool aus. Sie machen die geforderten Restaufwandsschätzungen und alle acht Wochen überprüfen Sie anhand der vorgegebenen Checkliste den Risikostatus Ihres Projekts. Und dann scheitern Sie, weil Ihr bester Entwickler bei der Prognosealgorithmik einen so dicken Fehler eingebaut hat, dass Ihre gesamte Lösung unbrauchbar ist.

Fühlen Sie, wie sich Ihr Magen zusammenzieht oder es die Schultern nach unten drückt? Hören Sie die entmutigende innere Stimme: »Du kannst es eben nicht!«?

Sie haben sich an alle Regeln gehalten. Das hat doch früher auch gereicht. In der Position des Projektleiters ist diese Haltung aber nicht mehr ausreichend. Denn Sie sind nicht mehr *nur* zuständig für das Einhalten von Regeln, Sie sind jetzt *verantwortlich* für die Tauglichkeit Ihres Projektergebnisses. Und es ist genau diese Verantwortung, die Ihr Herz zum Rasen bringt und auch körperlich sehr belastend wirken kann. Dieser Verantwortung aber gilt es sich zu stellen. Diese Verantwortung müssen Sie annehmen und innerlich wollen, sonst frisst sie Sie auf.

Was erwartet der Kollegenkreis?

Ist Ihnen schon einmal aufgefallen, dass es merkwürdig ruhig wird im Entwicklerraum, wenn Sie durch die Tür kommen? Wie war das früher, als Sie noch im Kollegenkreis gesessen haben? Sie haben über Fußball geplaudert, den neuen Club im Medienhafen kritisiert und gelegentlich einen nicht ganz jugendfreien Witz über Ihren Projektleiter gemacht. Und wenn dieser Projektleiter dann den Raum betrat, wurde es still. So ist das jetzt auch. Allerdings mit dem Unterschied, dass Sie nun der Projektleiter sind. Jetzt sind Sie es, über den die Witze gemacht werden (zumindest glauben Sie das). Wie erleben Sie das? Wie hat sich das Verhältnis zwischen Ihren Kollegen und Ihnen verändert? Begrüßen Sie diese Veränderung?

Es ist nicht zu leugnen: Als Team- bzw. Projektleiter sind Sie nicht mehr Kollege oder Kumpel. Sie sind Chef! Und ob Sie es nun wollen oder nicht, das Team lässt Sie das spüren. Und das ist auch gut so, denn Ihre neue Rolle verlangt ein Nachjustieren im Kontakt zu den Kollegen. Sie werden es feststellen und mit der Zeit die Vorteile erkennen: Das Verhältnis wird distanzierter.

Warum ist das notwendig?

Die meisten beginnen ihr Projektleiterleben mit dem guten Vorsatz, dass mit den Kollegen alles so weiter laufen soll wie bisher. Niemand will ein »typischer Chef« sein, jemand der fordert, der kontrolliert und der im Zweifel auch mal eine klare Ansage macht. Nein, wir alle wollten (wollen?) Projekte basisdemokratisch führen. Schließlich weiß jeder Entwickler, worauf es ankommt! Wir selber wussten es ja auch. Die Projektmitarbeiter brauchen keinen Babysitter und keinen Feldwebel. Unser Team lässt uns doch nicht hängen.

Bewahren Sie sich so viel von diesem Idealismus wie möglich. Nur seien Sie darauf gefasst, diese Haltung nach und nach aufgeben zu müssen. Und der erste Anstoß kommt aus der Ecke, in der Sie ihn am wenigsten erwarten, nämlich von den Kollegen selber. Sie werden erleben, wie Ihre Mitarbeiter darauf warten, dass Sie die Führung übernehmen. Sie wollen von Ihnen wissen, was sie tun sollen, unter welchen Rahmenbedingungen sie arbeiten sollen. Sie brauchen die Ziele von Ihnen, die Arbeitspakete. Sie verlangen nach Ihrer Einschätzung der abgelieferten Resultate. Sie wollen von Ihnen wissen, was gut und was zu verbessern ist. So sehr Sie Ihren kollegialen Stil auch beibehalten wollen, Ihr Team lässt sie nicht. Es bedarf einer ordnenden Hand, die Mitarbeiter suchen danach. Und diese Hand ist Ihre. Das erwartet Ihr Team von Ihnen.

Sie bemerken das am Verstummen der Kollegen, wenn Sie den Raum betreten. Viel stärker und folgenschwerer werden Sie auf Ihre neue Führungsrolle gestoßen, wenn Sie diese nicht oder nur halbherzig einnehmen. Sie starten mit einer Grundautorität, die Kollegen respektieren Sie als »Primus« und folgen Ihren Entscheidungen.

Jemand, der die Führungsrolle nicht annimmt und ausfüllt, lässt das Team allein. Es entstehen erstens keine Resultate und zweitens Frustration, die Laune sinkt und das Engagement für das Projekt geht verloren. Und, so abgedroschen es klingen mag, ein solches *Machtvakuum* ist nie von Dauer; sehr schnell füllt es jemand aus. Ein Mitarbeiter tanzt Ihnen auf der Nase herum und sagt den anderen, wo es langgeht, während Sie bei der Geschäftsführung den Kopf für mangelhafte Ergebnisse hinhalten müssen.

Machen Sie sich also auf den Weg, eine Führungspersönlichkeit zu werden. Dieses Buch ist voll von praxiserprobten Instrumenten, mit denen Sie die neue Rolle als Projektleiter erfolgreich ausfüllen. Erlauben Sie sich auf diesem Weg die Unsicherheit, die Ihnen gelegentlich im Nacken sitzt und Ihren Schlaf kurz und unruhig macht. Gestatten Sie sich Fehler und seien Sie souverän genug, solche Fehler zuzugeben. Gewöhnen Sie sich daran, Entscheidungen zu treffen und zu vertreten, in alle Richtungen. Und – ganz wichtig – bleiben Sie bei sich, bei Ihren Zielen und Werten, entwickeln Sie daraus Ihren Führungsstil und seien Sie sensibel für die vielen Signale, die Sie aus dem Team erhalten werden. Kümmern Sie sich um sich selbst; es tut sonst niemand! Machen wir uns also auf den Weg.

5.1.3 Übung 13: Projektleiterqualitäten mit dem Wertequadrat identifizieren

Die Übung soll Sie in die Lage versetzen, Ihr Verhalten als Führungskraft transparent zu machen. In Kapitel 2.2 haben Sie bereits das Wertequadrat kennengelernt.

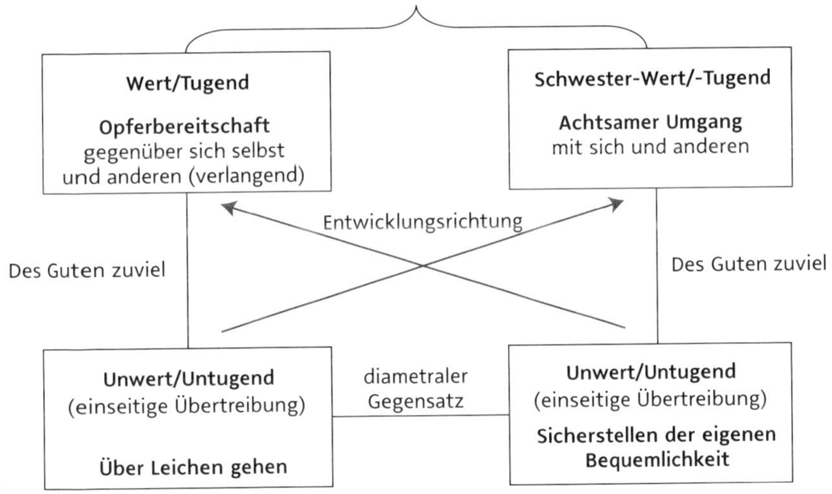

Abb. 4: Das Wertequadrat (nach Nicolai Hartmann)

Schritt 1: Entwickeln Sie für eine der folgenden Eigenschaften eines Projektleiters ein überzeugendes Wertequadrat. Wählen Sie diejenige Führungseigenschaft aus, die Sie besonders anspricht:

kommunikativ – delegationsstark – konfliktfähig – durchsetzungsstark

Schritt 2: Finden Sie zu jeder dieser vier Tugenden bzw. Untugenden eine kurze Beschreibung der problematischen Ausgangssituation.

Schritt 3: Entwickeln Sie zu jeder Tugend bzw. Untugend im Wertequadrat eine Idee oder einen Plan, wie Sie agieren und kommunizieren, wenn Sie sich im Sinne dieser Tugend bzw. Untugend verhalten.

Zur Verdeutlichung dieser Übung finden Sie zunächst ein vollständig ausgefülltes Wertequadrat mit dem Wert »Erfolgsorientierung«.

Mein Wertequadrat zu der Führungseigenschaft: Empathie

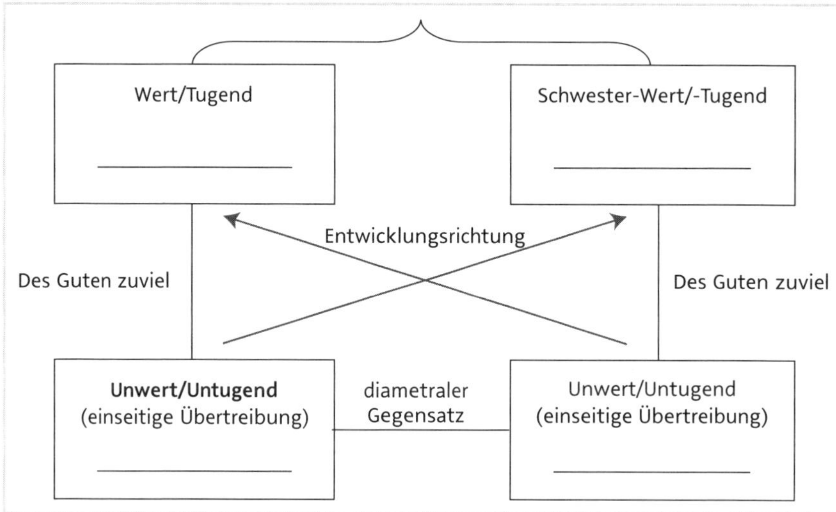

Mein Wertequadrat zu der Führungseigenschaft: Hartnäckigkeit

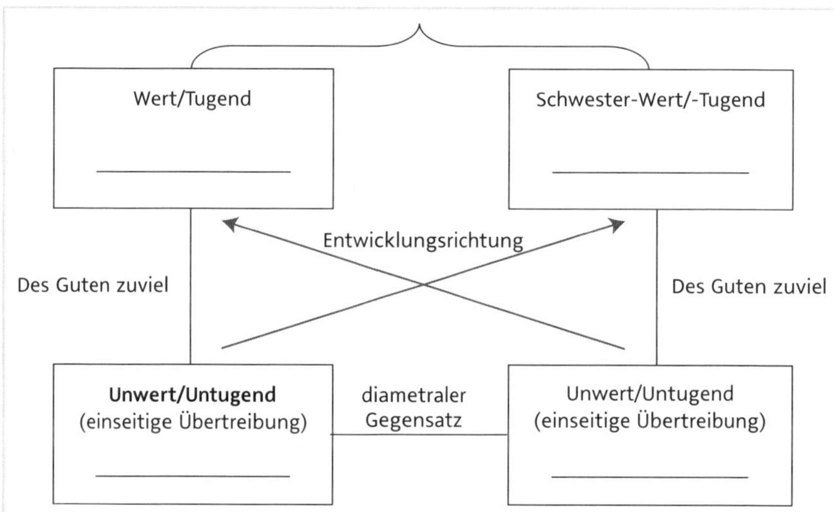

Mein Wertequadrat zu der Führungseigenschaft: Begeisterungsfähigkeit

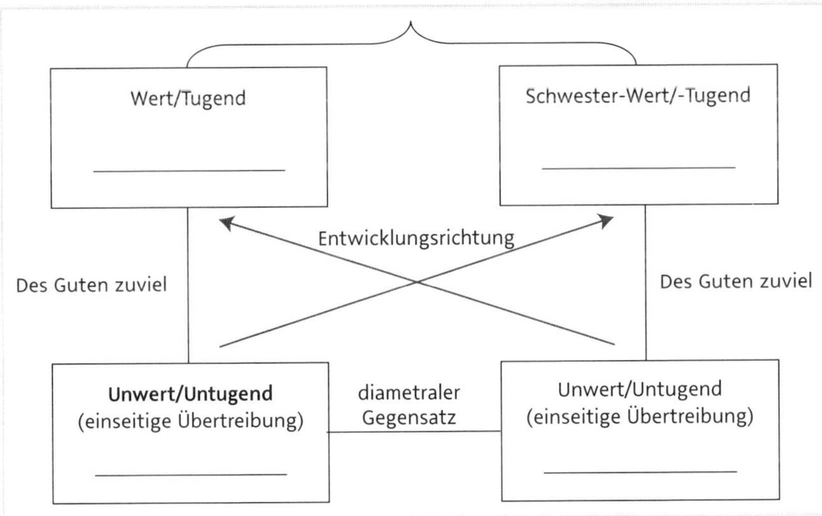

Mein Wertequadrat zu der Führungseigenschaft: Durchsetzungsstärke

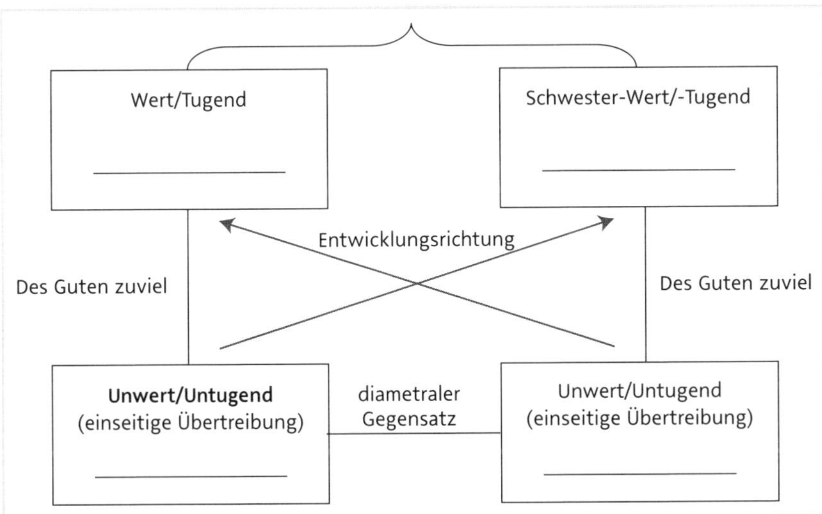

Mein Wertequadrat zu der Führungseigenschaft: Sensibilität

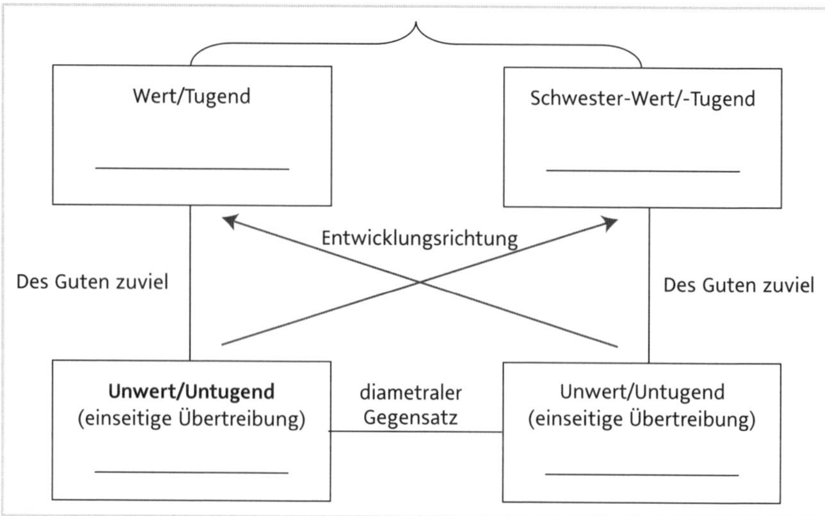

Mein Wertequadrat zu der Führungseigenschaft: Erfolgswille

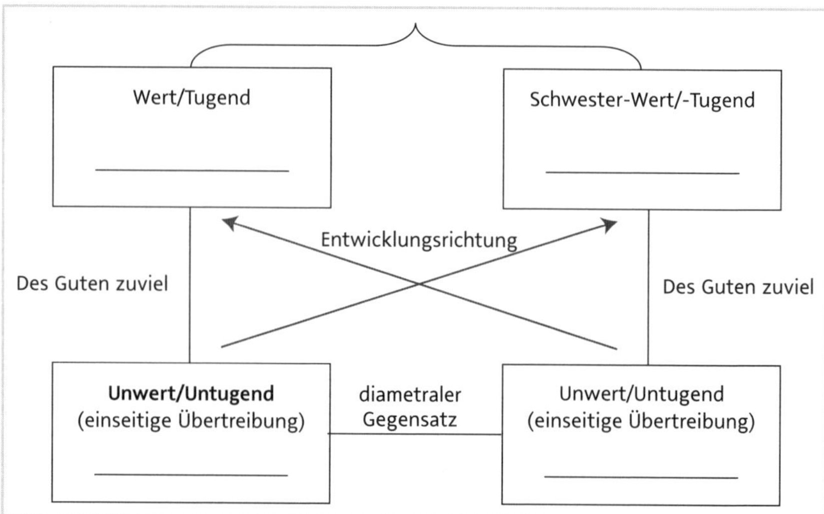

5.3 Mitwirkungsleistungen erfolgreich einfordern

5.3.1 Aus dem Projektalltag

Am kommenden Montag, in genau einer Woche, kommt Ihr Testteam. Es besteht aus drei sehr guten Mitarbeiterinnen, die Ihnen wegen der angespannten Situation in zwei anderen Projekten nur genau für die geplanten acht Arbeitstage zur Verfügung stehen. Die Software wird termingerecht fertig, einige Entwickler arbeiten bereits an der Dokumentation und so könnten Sie fristgemäß mit dem Testen beginnen.

Die Fachabteilung hatte im Kick-off-Meeting zugesagt, die benötigten Testfälle bis zum 4. April zu liefern, das war vor zwei Wochen. Doch trotz zweimaligen Nachfragens und wiederholter Zusicherung sind die Unterlagen bis heute nicht bei Ihnen eingetroffen. Wie verhalten Sie sich in dieser Situation?

Szenario 1: Sie überarbeiten Ihre Risikobewertung und hoffen das Beste.

Szenario 2: Sie rufen den Fachbereich an und bekommen die dritte Zusicherung.

Szenario 3: Sie eskalieren an den Lenkungsausschuss.

Szenario 4: Sie verschieben den Einführungstermin.

5.3.2 Situationsanalyse

Erinnern wir uns an die Situationsanalyse in Kapitel 5.1. Als Projekt- oder Teamleiter sind Sie für das termin- und budgetgerechte Ergebnis verantwortlich. Sie legen fest, auf welchem Weg das Ziel erreicht werden soll, aber Sie entscheiden nicht über das erwartete Resultat, das kommt vom Auftraggeber. Vor diesem Hintergrund wählen Sie nun das Szenario, das Ihnen am meisten hilft, dieses Resultat zu erzielen!

Wenn Sie von keinem der vier Szenarien überzeugt sind, sind Sie auf einem guten Weg. Sie brauchen ein Szenario 5. Fragen Sie erfahrene Projektleiter, wie oft ein Fachbereich oder auch ein externer Kunde Termine gerissen hat. Fragen Sie, wie häufig Zusicherungen (»Ich kümmere mich sofort darum. Morgen haben Sie die Unterlagen«) im Sande verlaufen sind, wie kooperativ das Team des Auftraggebers typischerweise ist, wenn die Zeit knapp wird (»Ich habe gerade so viel zu tun.«, »Hier brennt seit ein paar Tagen die Hütte.«). Sie können das Szenario 2 in einer Endlosschleife durchspielen. Ohne zusätzliche kommunikative Hilfsmittel werden Sie nichts erreichen.

Es ist oft eine lange Strecke zwischen dem Kick-off-Meeting und dem Zeitpunkt, an dem Sie Zuarbeit von außen, Mitwirkungsleistungen aus dem Team des Auftraggebers, tatsächlich benötigen. Daher sollten Sie ein paar Kniffe anwenden, die wir Ihnen auf den folgenden Seiten vorstellen.

Der lange Marsch

Als Erstes sollten Sie sich wieder und wieder klarmachen, dass niemand Sie böswillig hängen lässt. Projekte stellen für jede Fachabteilung und für jeden Auftraggeber eine zusätzliche Arbeitslast dar. Projektteams verdienen ihr Geld damit, Projekte umzusetzen. Dagegen sind Fachbereiche in aller Regel mit ihrem Tagesgeschäft gut beschäftigt: Der Vertrieb sorgt für den Verkauf von Produkten, eine Personalabteilung kümmert sich um Einstellungen, Weiterbildung und viele administrative Aufgaben und der Einkauf beschafft Rohstoffe für die Produktion. Für alle diese Menschen stehen im Laufe eines Arbeitstages viele eilige und teilweise unternehmenskritische Tätigkeiten auf dem Programm. Da fällt die Zu- und Mitarbeit in Projekten oft schwer und kann nur durch Überstunden und Mehrarbeit erledigt werden. Es ist also menschlich verständlich, wenn Sie immer wieder auf Freigaben, Testdurchführungen und Interviewtermine warten müssen.

Diese Sicht auf die Welt macht es Ihnen leicht, die Kommunikation so zu gestalten, dass Ihre Adressaten sich verstanden fühlen. Wenn Ihnen das gelingt, steigen Ihre Chancen, auch in einem überlasteten Fachbereich gehört zu werden.

Spielen wir die verschiedenen Ereignisse im Lauf eines Projekts an einem konkreten Beispiel durch: Sie leiten ein Projekt zur Entwicklung oder Einführung einer neuen Einkaufsabwicklung. Dabei umfasst der Scope neben vielen anderen Prozessen und Funktionen auch eine konzeptionelle Neuausrichtung des Lieferantenmanagements. Dazu sind Sie auf diverse Zuarbeiten und Mitwirkungen aus dem Einkaufsbereich angewiesen.

In drei Schritten zur Mitwirkung des Auftraggebers

Schritt 1: Die Kommunikation im Kick-off-Meeting

Als Erstes erläutern Sie im Kick-off-Meeting prägnant, wozu die jeweilige Zuarbeit benötigt wird: Wofür ist die Mitwirkungsleistung erforderlich? Das nennt man *Sinnbegründung*. Und vor allem sollten Sie sich im Vorfeld Gedanken darüber machen, welcher Mehrwert für die Menschen im Unternehmen des Auftraggebers entsteht, die die Arbeit damit haben.

Beispiel !

Sie planen einen Workshoptermin mit dem Einkauf. Dort wollen Sie das zukünftige Verfahren zur Listung eines Lieferanten erarbeiten. Häufig klingt das im Kick-off-Meeting so:
Variante 1: »Die Projektplanung sieht einen halbtägigen Workshop zur Lieferantenlistung im Mai vor. Dazu erwarten wir als Teilnehmer folgende Mitarbeiter aus dem Einkauf … Die Vorbereitung schicken wir spätestens bis zum 4. Mai.«
Versuchen Sie es stattdessen in dieser Form:
Variante 2: »Damit die Lieferantenlistung für Sie demnächst besonders einfach und schnell geht, interessieren wir uns für Ihre Wünsche und Ideen. Dazu planen wir einen Workshop im Mai. Er wird etwa vier Stunden dauern und für Sie zusätzlich zwei Stunden Vorbereitung mit sich bringen.«

Vermeiden Sie, die erwarteten Mitwirkungen zu »verhängen« (»Der Workshop findet am 11. Mai statt.«). Stattdessen *vereinbaren* Sie den Termin (»Wie sehen Sie als Termin den 11. Mai?«). Vorteil: Die Einkäufer können ihre Hochlastzeiten, Urlaube oder sonstige Hemmnisse berücksichtigen. So finden Sie einen Termin, zu dem alle Ja sagen können. Das erhöht von vornherein die Chancen, dass es klappt.

Halten Sie die Vereinbarung explizit mündlich fest. »Dann sind wir uns einig, dass der Workshop am 13. Mai um 9.00 Uhr beginnt?« Holen Sie sich das ausgesprochene Ja. Zumindest warten Sie auf ein Nicken. Notieren Sie diesen Beschluss im Protokoll! Im Nachgang versenden Sie einen Terminblocker, sobald der Fachbereich die Teilnehmer benannt hat. Das schützt häufig vor unliebsamen Überraschungen.

durch diese Haltung gehen riesige Motivationspotenziale verloren. Kaum ein anderes Führungsinstrument vermag so effizient auf beiden Dimensionen der Führung – Menschen- und Zielorientierung – einzuzahlen wie ein ehrliches Lob (vgl. auch Kapitel 5.2).

5.5.2 Situationsanalyse

Kennen Sie den Satz *Ein Lob verleiht Flügel?* Darin liegt viel Wahrheit, denn Lob wirkt unmittelbar auf das Belohnungszentrum in unserem Gehirn. Wir erleben einen wahren Endorphinrausch. Und der macht uns leistungswillig und erfolgshungrig. Denn wir wissen bereits: Unser Unterbewusstsein lässt uns Situationen suchen, in denen wir Endorphine bekommen. Auf der Suche nach dem nächsten Endorphin-Kick erinnern wir uns an das Lob und das wollen wir wieder hören. Also geben wir Gas, damit unser Chef bald eine weitere Gelegenheit hat, ein Lob auszusprechen.

Zugleich vermittelt ein richtig ausgesprochenes Lob dem Adressaten das Gefühl, wertgeschätzt zu werden. Diese sehr menschenorientierte Sicht sollten wir nicht aus den Augen verlieren. Wir haben es schon mehrfach betont: Wir arbeiten nicht (mehr) mit hydraulischen Pressen oder elektronischen Rechnern. Unser Erfolg hängt von Menschen, unseren Mitarbeitern, ab. Und so, wie wir unsere Maschinen hegen und pflegen, so sollten wir das auch mit den Menschen tun, die uns im Projekt anvertraut sind. Sie haben ein Recht darauf.

Und ganz nebenbei arbeiten solche Kollegen auch besser; damit schließt sich der Kreis. Und weil wir vorhin schon einmal die Schwaben zitiert haben, hier ein weiterer Aspekt: Ein Lob kostet nichts! Im Gegensatz zu einem Team-Essen oder dem Kart-Event!

Damit ein Lob seine motivierende Wirkung entfalten kann, sollten Sie fünf einfache Kommunikationsregeln beachten.

Regel 1: Loben Sie nur, wenn Sie es ehrlich meinen
Es gibt nicht viel, das einen Menschen negativer berührt, als ein hohl daher geplappertes »Hast du gut gemacht.« Schlimmer ist nur noch die Einleitung »Ich muss dich mal loben.« Die spontane (wenn auch stille) Reaktion ist in etwa »Ach, du Ärmster. Das tut mir aber leid, dass du das tun musst.« Also überlegen Sie, warum Ihnen die Leistung Ihres Mitarbeiters wichtig ist. Hören Sie auf Ihre Gefühle, Freude, Begeisterung, Überraschung, Erleichterung, ... Werden Sie sich im Klaren darüber, warum Sie ihn eigentlich loben wollen.

Regel 2: Loben Sie nur konkrete Handlungen
Lassen Sie sich von dem Merksatz »Tat statt Täter« leiten. Wenn Sie Ihren besten Programmierer loben wollen, dann beziehen Sie sich auf eine besonders gelungene Programmsequenz, auf seinen entscheidenden Beitrag zum Tuning, auf seine kreative Idee zur Oberflächengestaltung, gern auch auf seinen beruhigenden Einfluss auf das Team, wenn mal etwas schief gegangen ist. Alle Handlungen, Ergebnisse und Unterlassungen können Anlass für eine wertschätzende Bemerkung, ein Lob, sein (wenn sie stimmen!). Was Sie unbedingt vermeiden sollten, sind allgemeine Sätze wie »Du bist ein toller Programmierer«. So etwas zündet keine Extrameile, es macht nur träge und faul.

Und loben Sie zeitnah, also innerhalb kurzer Zeit nach dem Ereignis. Lassen Sie maximal zwei Tage vergehen, wenn es nicht anders geht. Aber nutzen Sie besser die erste Gelegenheit, die sich bietet.

Regel 3: Ein Lob steht immer allein
Verbinden Sie niemals (!) ein Lob mit der Übertragung einer neuen Aufgabe, einer Extraportion Arbeit oder einer unangenehmen Nachricht. Schon beim zweiten Lob werden Sie in argwöhnische, misstrauische Augen blicken. Ein Lob ist ein Lob ist ein Lob. Es ist wert und wichtig genug, für sich zu stehen und zu wirken.

Regel 4: Gehen Sie anschließend weg
Nichts ist peinlicher, als wenn der Gelobte in Ihre erwartungsvollen Augen blickt und sich gar zu einer Danksagung genötigt fühlt. Positiv wirken kann

Die folgende Skizze zeigt den Aufbau.

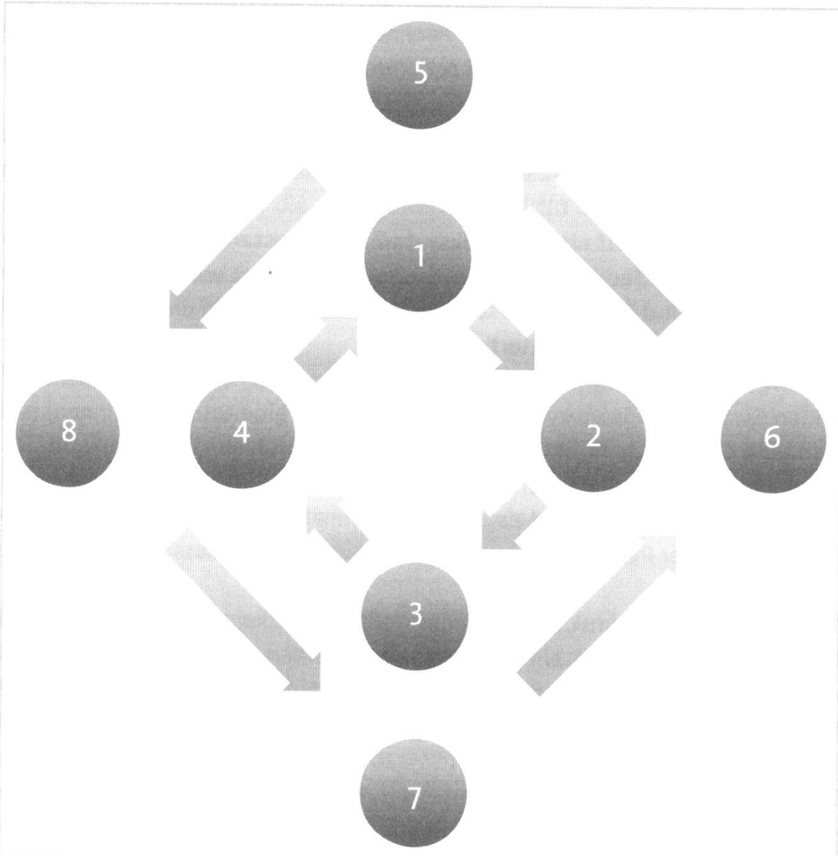

Abb. 9: Das Feedback-Karussell

Wie wird Feedback gegeben?
Der Feedbackgeber soll sein Gegenüber auf sich wirken lassen, ihn ansehen und ohne Nachdenken, sozusagen aus »dem Bauch heraus«, möglichst viele Antworten formulieren. Bitte überlegen Sie nicht lange und legen Sie keine Pausen ein!

Das Feedback ist sachlich, konstruktiv, beschreibend, klar und möglichst konkret. Feedback ist nicht wertend und verurteilend!

Wie wird das Feedback entgegengenommen?
Der Feedbacknehmer nimmt das Feedback aufmerksam entgegen. Er soll in sich hineinspüren und fühlen, was das Feedback bei ihm macht. Welche Gefühle stellen sich ein? Was regt auf? Wo macht sich der Körper bemerkbar?

Der Feedbacknehmer stellt keine Fragen und rechtfertigt sich nicht. Er nimmt das Feedback nur entgegen! Am Ende kann man sich bedanken. Nach der Feedbackrunde sollten Sie eine kleine Pause einschieben, damit das Gehörte wirken kann. Anschließend folgt eine Gesprächsrunde zur Wahrnehmung des Feedback-Karussells und zu den gewonnenen Einsichten für sich selbst und die Gruppe.

Hinweis: Die Übung dauert je nach Größe des Teams ca. 30 Minuten. Sie ist vergleichsweise aufwendig, lohnt aber den Aufwand. Regelmäßig beobachten wir besondere Dankbarkeit und Wertschätzung am Ende der Übung. »Wie eine warme Dusche«, so empfinden Teilnehmer das Feedback häufig.

6.3 Mitgefühl und positive Kommunikation im Projektteam

6.3.1 Aus dem Projektalltag

Das Projektteam des Kunden sitzt im wöchentlichen Jour fixe zusammen. Der Stand des Einführungsprojekts für die neue Software wird vom Projektleiter vorgestellt. Insgesamt sieht der Zeitplan ganz gut aus. Der Projektleiter Matthias Seidel ist zufrieden.

Plötzlich räuspert sich der Einkaufschef Sebastian Krämer. Seine Anforderungen stehen als Nächstes zur Realisierung an. Die Anforderungsaufnahme hat bereits begonnen. »Also, ich bin sehr unzufrieden mit dem bisherigen Verlauf. Die Entwickler, die meine Anforderungen umsetzen, denken einfach nicht mit. Sie verstehen nicht einmal ansatzweise, was ich ihnen sage. Da hat sogar einer gesagt, ich solle das alles mal aufschreiben, was ich denen in mehr als zwei Stunden ausführlich erklärt habe. Wie kann das sein? Ein bisschen Mitdenken und Verstehenwollen muss ja wohl drin sein. Sonst kriegen wir nie eine fehlerfreie Software. Das erwarte ich, nachdem ich denen immerhin den ganzen Nachmittag erklärt habe, worum es hier im Einkauf eigentlich geht. Das ist doch nicht so schwierig.« Er spricht immer schneller, beugt sich nach vorne und blickt den Projektleiter scharf an.

Matthias ist irritiert und fühlt sich sogleich genötigt, sich für die Entwickler zu rechtfertigen. Er ahnt schon, was seine Entwickler ihm sagen werden. Im Verlauf des weiteren Gesprächs wirft er wiederum den Einkäufern vor, sich ignorant und besserwisserisch zu verhalten. Der nächste Konflikt ist da.

Beim **zweiten Schritt** geht es darum, positive Interaktionen mit dem Gesprächspartner zu erleben. Dies gelingt durch eine *aktiv-konstruktive Haltung*. Eine Haltung einzunehmen ist etwas sehr Aktives, etwas, das man ausdrücklich will, zu dem man sich entschließt.

Das Konzept der Gewaltfreien Kommunikation

Die positive Haltung zum Gegenüber drückt sich in den Grundsätzen zur Gewaltfreien Kommunikation (GfK) von Marshall B. Rosenberg aus:[3]

- Man beschließt, jeden, was auch immer er tut, als menschliches Wesen zu betrachten, der nach bestem Vermögen handelt.
- Man urteilt über niemanden, sondern versucht, den Gesprächspartner zu verstehen.
- Man betrachtet Taten und Worte nicht als gut oder schlecht, sondern als geschickten oder ungeschickten Ausdruck von Gefühlen und Bedürfnissen.

Es kann sein, dass Sie mit diesen Grundsätzen nicht hundertprozentig einverstanden sind. Aber es steht Ihnen frei, sich zu dieser Haltung zu entschließen, sich dafür zu entscheiden – und sei es nur einmal für einen begrenzten Zeitraum, sozusagen als Live-Experiment.

Wenn Ihr Gesprächspartner das nächste Mal eine positive Nachricht für Sie hat, versuchen Sie einmal über eine aktiv-konstruktive Haltung die Wirkung dieser positiven Nachricht zu verlängern und daraus mehrere positive Interaktionen zu machen.

- Hören Sie der Person, die von einem positiven Ereignis berichtet, aktiv und wertschätzend zu.
- Zeigen Sie aufrichtig Ihre Freude und Begeisterung.
- Stellen Sie zwei konstruktive, möglichst offene Fragen zum Geschehen wie z. B. »Was ist denn genau passiert? Wie haben Sie sich in dem Moment gefühlt? Wann hat sich denn der Umstand eingestellt?«
- Und besonders wichtig für die Verlängerung und Wiederholung der positiven Interaktion: Bringen Sie die Begebenheit später erneut zur Sprache.

In unserem Beispiel könnte das so ablaufen:

Der Projektleiter Matthias Seidel trifft den Einkaufsleiter Alexander Stein an der Kaffeemaschine und fragt ihn bei der Gelegenheit, wie die aktuellen Saisonplanungen laufen. Der Einkaufschef kommt ins Schwärmen und berichtet

3 Nach van Stappen, Anne (2014): Mit schwierigen Zeitgenossen umgehen.

von aufregenden und erfolgreichen Geschäftsreisen zu seinen Lieferanten. »In diesem Jahr gibt es besonders gute Ware für unsere Kunden. Auch die Konditionen sind sehr gut. Es macht gerade wirklich Freude.« Matthias Seidel äußert seine Freude über die gelungenen Einkaufsreisen und fragt nach: »Das ist ja schön. Welche Produkte sind denn dieses Mal lohnenswert? Welches Erlebnis auf den Reisen war denn besonders bemerkenswert?« Der Einkaufsleiter berichtet von lustigen Erlebnissen und erfolgreichen Preisverhandlungen. Beim nächsten Projekt-Jour-fixe kann Matthias Seidel vor Beginn der Runde den Einkaufschef auf die erfolgreiche Bemusterung der Produktteile ansprechen.

6.3.3 Übung 20: Eine aktiv-konstruktive Haltung einnehmen

Stellen Sie sich eine Situation vor, in der Sie einen Konflikt erlebt haben, der unangenehm und störend für Sie war. Überlegen Sie, welche Erwartungen von Ihrem Gesprächspartner formuliert wurden und welche Motive dahinter liegen könnten. Tragen Sie die Ergebnisse Ihrer Überlegungen in die nachfolgende Tabelle ein.

Anspruch/Erwartung	Bedürfnisse

Dann vergegenwärtigen Sie sich eine Situation, in der Ihr Gesprächspartner von einem positiven Erlebnis berichtet hat. Das kann beruflicher oder privater Natur sein. Nehmen Sie bewusst eine aktive-konstruktive Haltung ein und spielen Sie die Situation anhand der Schritte durch. Notieren Sie Ihre Gefühle und den möglichen Gesprächsverlauf mit eigenen Worten.

Gesprächsschritte	Möglicher konkreter Gesprächsverlauf
Schritt 1: Hören Sie der Person, die von einem positiven Ereignis berichtet, aktiv und wertschätzend zu. Welches Ereignis wird beschrieben?	
Schritt 2: Zeigen Sie aufrichtig Ihre Freude und Begeisterung. Wie äußert sich das bei Ihnen?	

Inzwischen hat Martin die erste Präsentation an der Wand, legt mit dem Thema Technologie los und trägt die Vorschläge des Teams vor. Nach einigen Minuten setzt sich der Chef aufrecht auf die Kante des Stuhls und verkündet: »Da seid ihr aber schlecht aufgestellt. Im Bereich Technologie klafft zu den Anforderungen noch eine große Lücke.«

6.4.2 Situationsanalyse

In diesem kleinen Beispiel sehen wir, wie stark Selbstbild und Fremdbild voneinander abweichen können. Die Wahrnehmung, die wir von uns selber haben, wird als *Selbstbild* bezeichnet. Das Projektteam sieht sich sehr wohl in der Lage, das Thema Technologie zu schultern. Der Chef ist hier anderer Ansicht. Das Bild, was andere von uns haben, nennen wir *Fremdbild.* Meistens gibt es zwischen beiden Perspektiven – Selbst- und Fremdbild – eine mehr oder weniger große Differenz. Das Bild ist also verrückt. Gibt es größere Diskrepanzen zwischen Selbst- und Fremdbild, bleiben Überraschungen nicht aus. Der Mitarbeiter schätzt sich besser und erfolgreicher ein als sein Chef, ein Kollege schätzt seinen Beitrag zum Teamergebnis geringer ein, als seine Teamkollegen das bewerten würde, und stellt sein Licht regelmäßig unter den Scheffel. Oder wie hier: Das Team fühlt sich im Thema Technologie kompetent, der Chef sieht das ganz anders.

Differenzen im Selbst- und Fremdbild treten regelmäßig auf. Sie begegnen uns in unserem Alltag. Wir hören dann Sätze wie:

- »Das überrascht mich aber.«
- »Ich sehe das anders.«
- »Hätte ich nicht gedacht.«
- »Meine Meinung dazu ist …«
- »Ich bewerte das anders.«

Ist die Diskrepanz zwischen Selbst- und Fremdbild zu groß, können Konflikte entstehen. Daher lohnt es sich, von Zeit zu Zeit einen Abgleich von Selbst- und Fremdbild durchzuführen, sowohl für sich selbst als auch für das Team. Die Ergebnisse können wir für die Justierung unseres Handelns verwenden.

Ein Fenster für mehr Durchblick

Eine gute Methode, Selbst- und Fremdwahrnehmung miteinander abzugleichen, ist das sogenannte *Johari-Fenster.* Es wurde entwickelt und benannt nach den amerikanischen Psychologen Joseph Luft und Harry Ingham. Das Johari-Fenster ist wie ein Fenster, durch das wir auf eine Persönlichkeit blicken. Beim Selbstbild blicken wir selbst auf unsere eigene Person, beim Fremdbild blicken wir auf eine andere Person. Luft und Ingham unterscheiden vier Bereiche (»Fenster«), je nachdem, ob einem selbst oder dem anderen Eigenschaften oder Verhaltensweisen auffallen oder bekannt sind.

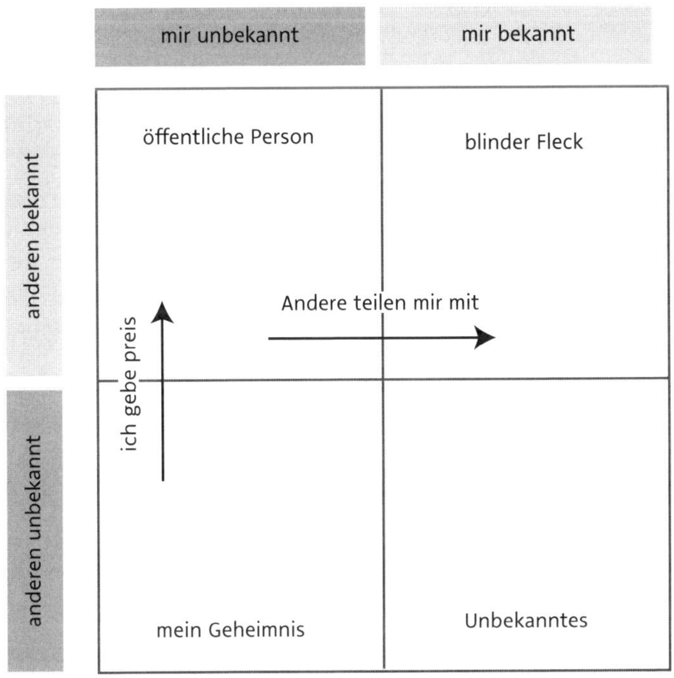

Abb. 10: Das Johari-Fenster (nach Joseph Luft und Harry Ingham)

Je nachdem, ob mir oder den anderen etwas bekannt oder unbekannt ist, lassen sich vier Bereiche unterscheiden (vgl. Abb. 10).

1. Öffentliche Person

Dieser Bereich ist mir und anderen frei zugänglich. Verhalten und Motive sind mir bewusst und können von anderen wahrgenommen werden. Das Handeln ist öffentlich. Dieser Bereich wird auch als Bereich des freien Handels bezeichnet. Hier finden sich Eigenschaften und Verhaltensweisen, mit denen ich mich selbst beschreiben würde und die auch andere, z.B. Teammitglieder an mir bewusst wahrnehmen.

2. Mein Geheimnis

Dieser Bereich des Verborgenen ist nur mir bekannt, nicht den anderen. Der Bereich ist versteckt und privat. Hier sind geheime Wünsche, versteckte Eigenschaften und empfindliche Stellen, die vielleicht nur wenige Eingeweihte kennen. Zwischen dem Geheimnis und dem öffentlichen Bereich steht vielleicht auch eine Mauer, hinter der man sich verschanzen kann. Der geheime Bereich kann kleiner werden, wenn ich mehr über mich preisgebe, also mehr Aspekte meiner Person in den öffentlichen Bereich überführe.

3. Blinder Fleck

Zum Bereich des blinden Flecks gehören Eigenschaften und Verhaltensweisen, die anderen bekannt sind, mir selbst aber nicht. Der blinde Fleck ist mir nicht bewusst, andere nehmen ihn aber sehr wohl wahr. Unbedachte Äußerungen, unbewusste Gewohnheiten, Mimik und Gestik, häufig hervorgerufen durch Vorurteile, festgefügte Meinungen, nicht kongruentes Verhalten gehören in diesen Bereich. So kann z. B. ein Teamleiter offene Diskussionen im Teammeeting einfordern, aber dauernd die Anfänge einer offenen Diskussion unterbrechen, ohne dass ihm das inkongruente Verhalten selbst als solches auffällt. Unseren eigenen blinden Fleck erschließen wir uns über das Feedback der anderen.

4. Unbekanntes

Der Bereich des Unbekannten bezeichnet Eigenschaften, die sowohl mir als auch den anderen nicht direkt zugänglich sind. Dies ist der Ort des Unbewussten, der nicht beachteten oder unterdrückten Bedürfnisse, aber auch der verborgenen Talente oder Begabungen. Wir können diesen Bereich bei uns kennenlernen durch die Beobachtung und Analyse von sogenannten »Aufregern« (vgl. Kapitel 3.1).

Unterstützung der Gruppenbildung im Team

Das Johari-Fenster eignet sich nicht nur für eine Einzelbetrachtung von Selbst- und Fremdbild, sondern auch für die Unterstützung der Gruppenbildung im Team. Teams funktionieren besser, wenn Feedbackprozesse und der Austausch untereinander möglich sind und das Team offen in einem Klima des Vertrauens miteinander arbeiten kann. Eine vertrauensvolle Atmosphäre und wechselseitiger Respekt ist die Voraussetzung, dass sich alle Teammitglieder öffnen und Feedback wertschätzend gegeben wird. Bei Teams, in denen ein solcher Umgang gelingt, werden die Bereiche »blinder Fleck« und der Bereich des Verborgenen mit fortlaufender Zeit immer kleiner. Das Fensterkreuz des Johari-Fensters verschiebt sich also in Richtung rechts oben (vgl. Abb. 11).

Steigt die Bereitschaft, sich zu zeigen, wird das eigene Handeln der Teammitglieder für die anderen transparenter. Dadurch kann es besser verstanden werden. Und damit ändern sich auch die Leistungsbereitschaft und das Leistungsvermögen des gesamten Teams. Die Zusammenarbeit gelingt besser.

Die folgenden Abbildungen zeigen zwei Johari-Fenster: links zu Beginn des Teambildungsprozesses, rechts bei einem eingespielten Team:

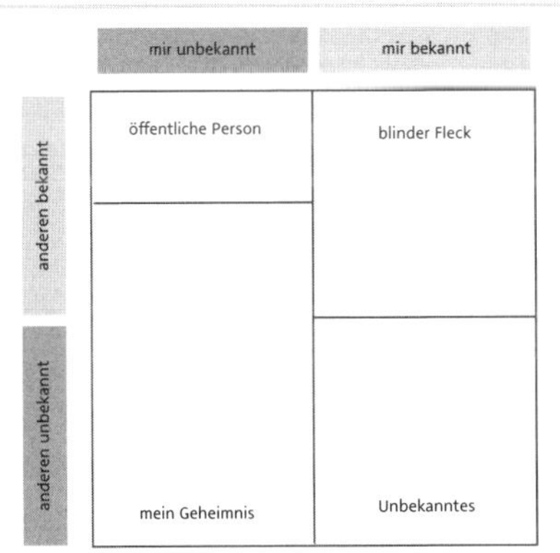

Abb. 11: Das Johari-Fenster zu Beginn des Teambildungsprozesses (links)

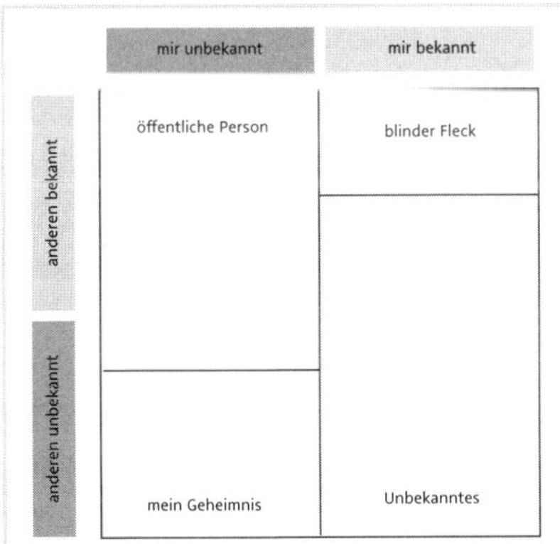

Abb. 12: Das Johari-Fenster bei einem eingespielten Team (rechts)

Zu Beginn des Teambildungsprozesses, wenn sich die Teammitglieder untereinander noch kaum oder gar nicht kennen, ist der öffentliche Bereich noch klein, der blinde Fleck und der Bereich »Geheimnis« sind größer. Wächst das gegenseitige Vertrauen, gefördert durch eine wertschätzende Feedbackkultur, wird der öffentliche Bereich größer und der blinde Fleck kleiner.

6.4.3 Übung 21: Ein Johari-Fenster für das Projektteam entwickeln

Das Johari-Fenster lässt sich nicht nur bei Einzelpersonen anwenden, sondern auch in Teams. Dabei beschreibt sich das Team selber (Selbstbild) und wird von einem Kollegenteam oder einer Führungsperson beschrieben (Fremdbild). Die Ergebnisse können abgeglichen und diskutiert werden.

Beantworten Sie in einer Teamsitzung folgende Fragen und notieren Sie die Ergebnisse. Seien Sie ehrlich miteinander, sonst wird das Ergebnis verfälscht.

- Welche Eigenschaften hat unser Team?
- Was sind unsere größten Stärken und Schwächen?
- Was zeichnet uns als Team besonders aus?
- Wie unterscheidet sich unser Team von anderen Teams, die wir kennen?
- Was sollten wir als Team noch lernen?
- Was sollte unser Team auf keinen Fall tun?

Notieren Sie die Ergebnisse.

Jetzt bitten Sie das Kollegenteam oder Ihren Chef, die gleichen Fragen über Ihr Team zu beantworten. Lassen Sie sich die Ergebnisse zu jeder Frage geben.

Anschließend tragen Sie Ihre Beobachtungen (Eigenschaften, Beschreibungen etc.) in das Johari-Fenster ein.

- Beobachtungen, bei dem Ihr Team als auch das Kollegenteam oder Ihr Chef übereinstimmen, tragen Sie in den Bereich »öffentliche Person« ein.
- Beobachtungen, die nur Ihr Team nennt, aber nicht der Fremdwahrnehmer, notieren Sie im Bereich »Geheimnis«.
- Beobachtungen, die nur das Kollegenteam oder Ihr Chef genannt hat, finden ihren Platz im Bereich »blinder Fleck«.
- Den Bereich »Unbekanntes/Unbewusstes« kann ein Team erkunden, indem Sie sich vornehmen, einmal etwas anders zu machen als sonst. Weitere Vorschläge dafür finden Sie auch in Kapitel 2.4.

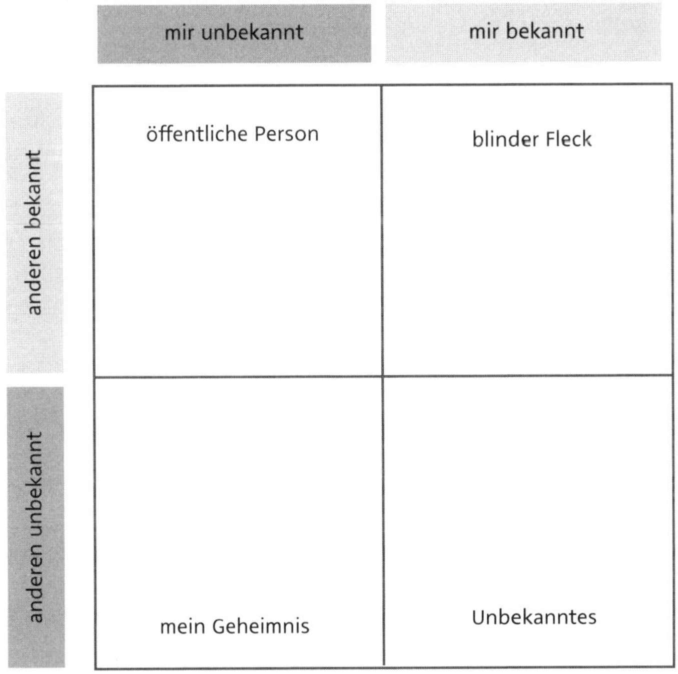

Abb. 13: Das Johari-Fenster (Blankovorlage)

Diskutieren Sie die Ergebnisse. Überlegen Sie im Team, ob es »private« Gruppenthemen gibt, die Sie bewusst öffentlich machen wollen. Sprechen Sie darüber, welche neuen Einsichten Sie durch die Beobachtungen im Bereich »blinder Fleck« gewonnen haben und was Sie in Ihre Teamarbeit integrieren wollen.

Hinweis: Sie können das Johari-Fenster auch für eine persönliche Feedbackrunde verwenden. Damit das am Anfang nicht so schwerfällt, starten Sie am besten mit einer Person Ihres Vertrauens. Auch hier gelten die Feedbackregeln des respektvollen Umgangs.

7 Zusammenarbeit mit dem Auftraggeber

Zusatzmaterialien zu diesem Kapitel finden Sie unter:
www.crashkurs-it-projektleitung.de/zusammenarbeit

7.1 Die Bedürfnisse aller Beteiligten identifizieren

7.1.1 Aus dem Projektalltag

Der Projektleiter Martin Keller beschwert sich bei seinem Chef. Unzufrieden und frustriert beklagt er sich: »Die Kunden stellen alle möglichen Forderungen, lauter karierte Maiglöckchen. Alles hat höchste Priorität und natürlich soll es kostenlos umgesetzt werden. Im Pflichtenheft stehen dazu auch nur vage Formulierungen. Was hat der Vertrieb hier nur wieder verkauft!« Sein Chef Michael Franke fühlt sich etwas hilflos und zuckt mit den Schultern. Das ist ein immer wiederkehrendes Phänomen. Was tun? Ist es möglich, dem Kunden zusätzliche Leistungen noch während des Projekts zu verkaufen? Oder wenigstens die vielen Forderungen des Fachbereichs zu kanalisieren?

Ja, es ist natürlich möglich. Dazu muss man verstehen, was beim Kunden vorgeht, wenn das Wünsch-dir-was-Konzert aufgeführt wird. Meistens werden auch gute Begründungen für die Realisierungswünsche genannt, alles ist wichtig, richtig und hat erste Priorität. Um sich in dieser Situation Klarheit zu verschaffen und die Erwartungen des Kunden besser zu kanalisieren, hilft es, seine Bedürfnisse genauer anzusehen. Welche Bedürfnisse sind denn vorhanden? Welche liegen auf dem Tisch? Welche verstecken sich hinter Spezialanforderungen? Wo drückt wirklich der Schuh?

7.1.2 Situationsanalyse

Es lohnt sich, für jeden wichtigen Projektbeteiligten separat über dessen Bedürfnisse nachzudenken. Warum? Ist das nicht zu aufwendig? Es lohnt sich durchaus, denn jeder Mensch hat unterschiedliche Bedürfnisse. In einem Projektteam oder bei den Ansprechpartnern des Kunden vermischen sich die verschiedenen Bedürfnisse dann zu einem ganz besonderen Cocktail. Diesen Cocktail sollte der Projektleiter kennen. Das erleichtert die Projektarbeit und ist ein wichtiger Baustein im Projektgelingen.

Die Bedürfnispyramide

Abraham Maslow erforschte die Bedürfnisse bei Menschen und entwickelte das Pyramidenmodell der Bedürfnisse. Sobald die Bedürfnisse einer Stufe gestillt sind, möchte der Mensch die Bedürfnisse der nächsten Stufe befriedigen. Anders ausgedrückt: Die nächste Bedürfnisstufe kann erst erklommen werden, wenn die Bedürfnisse der vorangegangenen Stufe gestillt sind. Überträgt man dieses Modell auf die Bedürfnisse der Beteiligten in einem IT-Projekt, erhält man etwa die folgende Bedürfnispyramide.

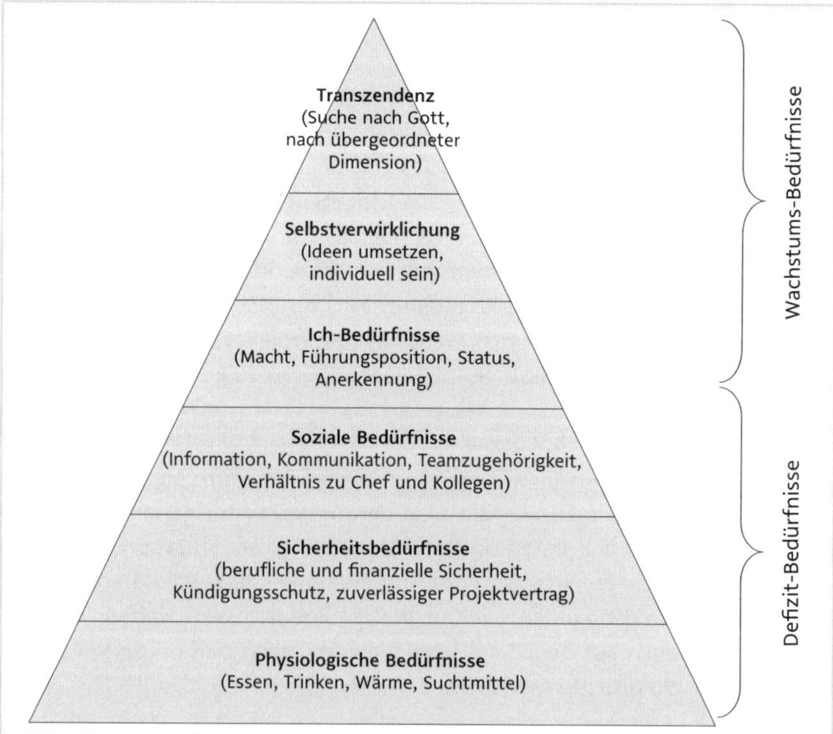

Abb. 14: Die Bedürfnispyramide (nach Abraham Maslow)

Die unteren drei Bedürfnisse sind Defizit-Bedürfnisse. Das bedeutet: Wenn es in einem dieser Bereiche große Lücken gibt, können die folgenden Stufen nicht erreicht werden.

1. Physiologische Bedürfnisse

Sind die Grundbedürfnisse der Projektteilnehmer nicht befriedigt, braucht man über andere Dinge nicht zu sprechen. Der leere Magen kurz vor Mittag oder das dringende Bedürfnis nach einer Raucherpause haben schon so manches Projektmeeting ohne Erfolg vorübergehen lassen.

2. Sicherheitsbedürfnisse

Ebenso wird der Projektleiter mit seinen Anliegen auf taube Ohren stoßen, wenn sich die Mitarbeiter auf der Kundenseite nicht sicher sein können, dass ihr Arbeitsplatz erhalten oder ihr Vertrag verlängert wird. Deswegen sollte es vom Fachbereich Anforderungen an die Software geben, die arbeitsplatzerhaltend wirken, Funktionen, die den Arbeitsplatz gefährden, wie z.B. eine automatische Warendisposition, die eigentlich den Disponenten unterstützen soll, sollten abgelehnt werden.

3. Soziale Bedürfnisse

Wie alle Menschen haben auch Projektteilnehmer ein Bedürfnis nach Zugehörigkeit und Kommunikation. Im Projekt äußert sich das u.a. durch große Verteiler bei Einladungen zu Meetings, Aufforderungen zu ausführlichem Reporting und Controlling oder auch Gruppenbildungen innerhalb eines Unternehmens. Manchmal gehört aber auch die Auswahl einer marktführenden

Software oder eines marktführenden Unternehmens zu den sozialen Bedürfnissen. Man gehört dann zu einer größeren Gruppe von Usern. Das Dazugehören kann ein gewichtiges Argument sein, auch wenn die Software den Anforderungen nicht wirklich entspricht.

Die nächsten drei Bedürfnisstufen gehören zur Gruppe der *Wachstumsbedürfnisse*.

4. Ich-Bedürfnisse
Häufig sind im Projekt bei der Priorisierung von Anforderungen Ich-Bedürfnisse zu beobachten. Die Bedeutung der Person oder der Gruppe steigt, wenn viele Anforderungen der Kategorie Priorität 1 vorhanden sind. Ein weiteres Beispiel: Häufig gehören die ersten 15 Minuten des Projektmeetings der Präsentation der modernen Insignien der Macht, wie Smartphones, Notebooks oder Autos. Auch das systematische bzw. geplante Zuspätkommen in Meetings dient der Befriedigung von Ich-Bedürfnissen.

5. Selbstverwirklichung
Das Bedürfnis nach Selbstverwirklichung findet man durchaus als Grundmotiv in einem IT-Projekt, besonders in Individualprojekten. »Wir sind so speziell und besonders, es gibt keine Standardsoftware für uns!«, lautet ein beliebtes Argument, dem dieses Bedürfnis zugrunde liegt. Auch die Kreativität eines Softwareingenieurs beim Entwickeln von Software kann Selbstverwirklichungsblüten treiben.

6. Transzendenz
Die Suche nach Gott oder einer dem Selbst übergeordneten Instanz findet man selten innerhalb eines Softwareprojekts, aber es kann eine Triebfeder sein, die als Rahmenbedingung bei dem ein oder anderen wirkt.

Aus den Bedürfnissen dieser sechs Stufen bildet sich der Bedürfnis-Cocktail eines IT-Projekts. Doch Vorsicht: Einmal gestillte Bedürfnisse können im Laufe des Projekts wieder wach werden. Das gilt besonders für den wiederkehrenden Wunsch nach Bestätigung und Anerkennung.

!

Bedürfnisse bilden auch die Grundlage von Emotionen, die wir selber spüren oder an anderen wahrnehmen. Wenn wir unsere eigenen Bedürfnisse und die der anderen verstehen wollen, ist es wichtig, dass wir die Bedürfnisse nicht mit den Mitteln, die der Bedürfnisbefriedigung dienen, verwechseln. Das Bedürfnis nach Anerkennung ist nicht zu verwechseln mit dem Mittel, dieses Bedürfnis zu befriedigen. Versuchen Sie also, zwischen Bedürfnissen und den Mitteln zur Bedürfnisbefriedigung zu unterscheiden.

Ihre Aufgaben als Projektleiter
Welche Bedürfnisse stellen Sie bei Ihren Kunden, in Ihrem Projektteam, bei den Mitarbeitern in Ihrem Unternehmen fest? Das finden Sie in der Regel über Emotionen oder konkret geäußerte Wünsche heraus, die sich den Kategorien der Maslowschen Bedürfnispyramide zuordnen lassen.

Welche Maßnahmen und Mittel schlägt Ihr Teammitarbeiter zur Bedürfnisbefriedigung vor? Welche anderen Mittel gibt es darüber hinaus, die Sie vorschlagen können und die möglichst einfach und wirkungsvoll sind? Hier ist die Phantasie und Kreativität des Projektleiters gefragt, Alternativen zu entwickeln. Passen die Alternativen zu den Bedürfnissen Ihres Teammitarbeiters, wird die Wahrscheinlichkeit stark zunehmen, dass er einlenkt und auf Ihre Vorschläge eingeht.

7.1.3 Übung 22: Zwischen Bedürfnissen und Mitteln der Bedürfnisbefriedigung unterscheiden

Werden Sie sich zunächst Ihrer eigenen Bedürfnisse bewusst. Das erhöht die Wahrscheinlichkeit, dass Sie die Bedürfnisse Ihrer Teammitarbeiter erkennen. Beantworten Sie bitte folgende Fragen nach Ihren Bedürfnissen.

Durch welche Mittel lässt sich mein Bedürfnis nach Anerkennung erfüllen?

z.B. Lob vom Chef, …

____

____

____

Welche Mittel erfüllen mein Bedürfnis nach Unabhängigkeit?

z.B. ein eigenes Auto, …

____

____

____

Welche Mittel erfüllen mein Bedürfnis nach Sicherheit?

z. B. lange Kündigungsfrist im Arbeitsvertrag, ...

Im zweiten Teil der Übung überlegen Sie bitte, welche Anforderungen bzw. Umstände in Ihrem aktuellen oder letzten Projekt besonders speziell oder umfangreich waren. Welche Umstände wirkten sich dabei störend aus? Achten Sie darauf, Umstände zu finden, bei denen Emotionen im Spiel sind.

Listen Sie Ihre Beobachtungen in der nachfolgenden Tabelle auf. Überlegen Sie, welches der sechs Grundbedürfnisse aus der Bedürfnispyramide den genannten Umständen zugrunde liegt. Entwickeln Sie im nächsten Schritt alternative Handlungsoptionen, die günstiger, einfacher, schneller sind. Zur Veranschaulichung dieser Übung haben wir drei Zeilen vorausgefüllt.

Anforderung/Ereignis	Bedürfnis	Alternative Mittel und Maßnahmen
Der Einkaufsleiter kommt grundsätzlich 15 Minuten zu spät zum Projektworkshop. Das ärgert viele Teilnehmer.	Ich-Bedürfnis	Vorherige Kontaktaufnahme mit separater Einladung an den Einkaufsleiter (adressiert Ich-Bedürfnis) Betonung der Wichtigkeit seines Beitrags (adressiert Ich-Bedürfnis) Andere Teilnehmer zu Beginn mit Informationen aus anderen Bereichen versorgen (adressiert soziale Bedürfnisse)
Bei Ihrem Projektkollegen, einem Freiberufler, läuft die Beauftragung aus. Das wirkt sich negativ auf seine Motivation aus. Er macht Dienst nach Vorschrift.	Sicherheitsbedürfnis	Kollegen frühzeitig für das Projekt wieder anfordern (adressiert Sicherheitsbedürfnis) Kollegen in einem anderen Projekt empfehlen (adressiert Sicherheitsbedürfnis)

Anforderung/Ereignis	Bedürfnis	Alternative Mittel und Maßnahmen
Die Buchhaltung möchte eine Auswertung, die exakt so aussieht wie die bisherige.	Sicherheitsbedürfnis	Anforderung hinsichtlich Ziele und Rahmenbedingungen klären (adressiert Sicherheitsbedürfnis und soziale Bedürfnisse) Neue Auswertung separat besprechen (adressiert Sicherheitsbedürfnis)

Hinweis: Sie können alternativ auch mit der Rubrik Bedürfnis (mittlere Spalte) starten und überlegen, welche Anforderungen und Ereignisse Ihnen dazu aus Ihrem Projektgeschehen einfallen. Versuchen Sie, so viele alternative Mittel und Maßnahmen wie möglich zu finden. Das vergrößert Ihren Handlungsrahmen und verschafft Ihnen zusätzliche Handlungsoptionen.

7.2 Die Anforderungen des Kunden klären

7.2.1 Aus dem Projektalltag

Stefanie Brandt fährt mit ihren Kollegen zu einem zweitägigen Workshop bei einem ihrer Kunden. Thema des Workshops ist die Entwicklung eines Softwaresystems. Der Kunde hat ein völlig neuartiges Kundenbindungsinstrument erdacht, das zum Weihnachtsgeschäft online gehen soll. Stefanies Firma soll die Software dazu entwickeln. Im Workshop will Stefanie mit ihren Kollegen die Anforderungen an das System gemeinsam mit der Marketing- und IT-Abteilung des Kunden erarbeiten.

Das Team ist gut vorbereitet. Schnell sind die Ziele des Vorhabens klar, die wesentlichen funktionalen Merkmale herausgearbeitet sowie die Integration in die bestehende IT-Landschaft grundsätzlich geklärt. Da räuspert sich der Marketingleiter Marcus Sommer: »Ich hab' da noch ein paar Punkte, die mir wichtig sind. Denken Sie bitte daran, dass wir bei den Auswertungen sowohl volle Flexibilität brauchen als auch eine einfache Bedienbarkeit. So etwa wie bei einem iPad. Außerdem sollen unsere Kunden über eine App ihren Treuestatus abfragen können. Wir wollen das System so offen halten, dass wir vielleicht später weitere Partner in das Programm nehmen können. Und wir möchten, dass die Dialoge alle Informationen übersichtlich bereitstellen, auch in verschiedenen Sprachen. Dann nochmal zu den Treuestufen: Im Prinzip stimmt es schon. Die nächste Stufe wird bei jeweils 1.000 Punkten erreicht. Nur wollen wir auch Ausnahmen zulassen. Die müssen im System abbildbar sein. Am besten über einen regelbasierten Algorithmus, sodass wir da offen sind.« So geht das noch eine Weile weiter und Stefanie schreibt alles mit.

Zurück im eigenen Büro sortiert das Team die Ergebnisse und stößt dabei auf ein paar ganz und gar nicht überraschende Befunde:

- Wenn wir alles umsetzen, dann kostet das System dreimal mehr als im Budget geplant.
- Allein der regelbasierte Algorithmus wird in einer Größenordnung von 25% des Volumens liegen.

- Volle Flexibilität und Einfachheit gehen nicht zusammen. Hier brauchen wir präzisere Festlegungen.
- In der Verwaltung des Punktestands finden sich logische Widersprüche. Die müssen noch aufgelöst werden.

Wie so viele Analyseteams vorher raufen sich auch Stefanie und ihre Kollegen verzweifelt die Haare ob der bestellten »goldenen Wasserhähne«. Es ist unsere Aufgabe, die Aufgabe eines Projektleiters, gemeinsam mit dem Auftraggeber, auf Basis der Wunschliste ein System zu spezifizieren und es damit umsetzbar zu machen. Und das wäre auch alles nicht kompliziert, würde sich der Marketingleiter dabei nicht benehmen wie ein enttäuschtes Kind unter dem Weihnachtsbaum, dem nur zwei der elf Wünsche von seinem Wunschzettel erfüllt worden sind.

7.2.2 Situationsanalyse

Warum es ok ist, wenn Kunden sich alles wünschen
Stellen Sie sich vor, Sie planen den Innenausbau Ihrer neu erworbenen Eigentumswohnung. Wie gehen Sie vor? Vermutlich besichtigen Sie Bad- und Küchenausstellungen, sehen sich Parkett- und Fliesenmuster an, wälzen Tapetenbücher und stöbern durch die Einrichtungspaläste des Möbelhandels. Sie merken vor, was Ihnen gefällt, besprechen mit dem Architekten das Versetzen der ein oder anderen Mauer, benötigen zusätzliche Elektroinstallationsarbeiten. Auch Sie spielen in dieser Planungsphase das »Wünsch dir was«-Spiel – solange, bis Sie alles aufaddiert haben und sich Ihre daraufhin einsetzende Schnappatmung wieder beruhigt hat. Warum sollte es bei Softwareprojekten anders sein? Die erste Phase ist immer geprägt vom Maximum der Begehrlichkeiten.

Warum es auch ok ist, wenn sie nicht alles bekommen
Wenn Sie ehrlich mit sich sind, erwarten Sie gar nicht, dass Ihre neue Wohnung sofort mit Luxusbad, Traumküche und ausgesuchten Designermöbeln ausgestattet ist. So geht es auch dem Fachbereich Ihres Kunden bei der Zusammenstellung der Softwareanforderungen.

Der Fachbereich weiß sehr wohl, dass er erst einmal alles aufschreibt, was er gerne hätte. Er weiß, dass dies der Ausgangspunkt und nicht das Ergebnis ist. Es ist ein Spiel. Nach außen gibt der Kunde Ihnen vor, dass alle Anforderungen immens wichtig sind, und wenn auch nur die kleinste Funktion fehlt »ist das System für uns ohne Nutzen«. Aus der Verhandlungssprache übersetzt heißt das: »... dann bekommen Sie den Auftrag nicht.« Das sind Nebelkerzen, durch die Sie sich nicht einschüchtern lassen sollten. Kümmern Sie sich stattdessen um die eigentliche Aufgabe, die vor Ihnen liegt:

Finden Sie heraus, welche Punkte aus der Wunschliste Ihres Kunden wirklich wichtig sind! Machen Sie einen Vorschlag, der Ihrem Kunden möglichst viel des erwarteten Nutzens bringt, ohne ihn wirtschaftlich und/oder organisatorisch zu überfordern.

Wie erfahren wir, welche Anforderungen wirklich wichtig sind?
Stellen Sie Fragen. Auch wenn Sie sich im Vorfeld ein eigenes Bild gemacht haben, es ist immer eine gute Idee, den Auftraggeber zu fragen. Beginnen Sie bei der inhaltlichen Beschreibung durch den Kunden und fragen Sie nach Zielen und dem strategischen oder wirtschaftlichen Nutzen.

- Welche Ziele verfolgen Sie mit dem Vorhaben?
- Was soll nach der Einführung besser sein als derzeit?
- Welche strategische Dimension bedient das geplante System?
- In welchem Umfang erwarten Sie einen wirtschaftlichen Nutzen?
- Wie häufig tritt ein Ereignis ein, für das die Funktionalität entwickelt werden soll?
- Was passiert, wenn die gewünschte Funktion nicht da ist? Wie behilft man sich?

Mit diesen gezielten Fragen ordnen Sie das Vorhaben in die Unternehmensentwicklung und -steuerung des Auftraggebers ein. Das liefert Ihnen die Messlatte, wenn Sie später Ihren Vorschlag für den Projektumfang erarbeiten. Außerdem können Sie so – schon während der Diskussion im Workshop – zwischendurch die Frage einstreuen, welchen Beitrag die gerade diskutierte Anforderung zu den besprochenen Zielen leistet, und damit unrealistische oder einfach unsinnige Anforderungen im Keim ersticken.

Fassen Sie die Antworten des Kunden mit Ihren eigenen Worten zusammen. Sie erhalten dann entweder ein »Ja, stimmt genau« oder eine Korrektur. Beide Möglichkeiten erhöhen Ihre Sicherheit, dass beide Gesprächspartner von derselben Sache reden.

Während sich das Team durch die inhaltlichen Anforderungen arbeitet, ist es Ihre Aufgabe als Projektleiter und Moderator der Anforderungsaufnahme dafür zu sorgen, dass Bedarfe konkret, vollständig und kritisch erhoben werden. Jede später umgesetzte Anforderung kostet Geld, kostet Entwicklungszeit und bringt Komplexität und damit zusätzliches Risiko. Dabei sollten Sie als Moderator auch die Rolle des Spielverderbers einnehmen. Hinterfragen Sie hartnäckig die Notwendigkeit der einzelnen Anforderungen für das Gelingen des Vorhabens.

Es muss nicht alles in Software gegossen werden. Einiges lässt sich auch organisatorisch regeln und durchführen. Oft ist es eine Frage der Häufigkeit eines Ereignisses.

- So können Sie einen Kundenstamm mit 500 Einträgen einmal pro Monat durchaus von Hand bereinigen. Wenn Sie über 5.000.000 Kunden verfügen, brauchen Sie dafür eine Software.
- Das Versenden von Postbriefen beim Erreichen einer neuen Treuestufe können Sie im Office machen lassen, wenn es zwei Briefe pro Woche sind. Bei 2.000 am Tag brauchen Sie eine Software dafür.
- Eine Auswertung lässt sich vielleicht einfach mit Excel in eine schöne Form bringen, die Programmierung von Kuchendiagrammen im neuen System mag Wochen dauern.

Selbst wenn Sie überzeugt sind, dass eine Anforderung unvernünftig ist, sollten Sie wertende Beiträge in der Form »Das ist doch Unfug!« oder »Ich finde es unvernünftig, wenn wir das umsetzen« vermeiden. Trainieren Sie Fragen, die den Fachbereich auf Kundenseite selbst erkennen lassen, dass er vielleicht auf das ein oder andere goldene Henkelchen verzichten kann. Bewährt haben sich dabei Fragen wie:

- Wie oft wird das Feature benutzt?
- Was passiert, wenn es nicht da ist?
- Wie lösen Sie das heute?
- Mit Blick auf das Weihnachtsgeschäft: Welche Funktion sollen wir dafür weglassen?
- Wie sehen Sie diese Anforderung vor dem Hintergrund des besprochenen Budgetrahmens?

Mit solchen Fragen sortieren sich manche Anforderungen wie von selbst auf ihren angemessen Prioritätenrang.

Wie sortieren wir Anforderungen aus?

Am Ende eines Workshops werden voraussichtlich immer noch zu viele Anforderungen vorhanden sind. Und gleichzeitig bleiben offene Fragen zurück. Die offenen Fragen klären Sie im Nachgang telefonisch.

Ein guter Workshop zur Bedarfsanalyse liefert die folgenden Ergebnisse:

- fachliche Anforderungen mit einer vom Auftraggeber versehenen Priorisierung;

- technologische Bedarfe, speziell Aspekte der Integration in die bestehende IT-Landschaft;
- Budgeterwartungen;
- terminliche Notwendigkeiten;
- eine konkrete Einordnung aller Wünsche in die Ziele und strategische Ausrichtung des Kunden;
- hinsichtlich der aufwendig umzusetzenden Anforderungsaspekte: Angaben zu Durchsatz und Häufigkeit (»Wie oft wird die Funktion benutzt?« und »Was passiert, wenn sie nicht da ist?«);
- Die Verortung in der Bedürfnispyramide des Entscheiders.

Anhand dieser Informationen entsteht in der Nachbereitung eine Handvoll (typisch sind zwei bis fünf) *Lösungsszenarien*. Die Ansätze sind dann valide, wenn sie von den Notwendigkeiten beim Kunden getrieben sind. Dabei spielen dessen Ziele, die Rahmenbedingungen, wie Zeit, Budget und dessen Bedürfnispyramide, eine wichtige Rolle.

Diese Szenarien müssen anschließend bewertet werden. Je nachdem, wie vertraut Sie mit Ihrem Kunden sind, beziehen Sie Vertreter der Auftraggeberseite mit ein. Bewertungskriterien sind:

- Abbildbarkeit der erfolgskritischen Geschäftsprozesse
- Integrationsfähigkeit in die IT-Landschaft
- Performance
- Ergonomie
- Termintreue
- Budgettreue
- Bedürfnispyramide des Entscheiders

Je näher ein Szenario der hundertprozentigen Erfüllung in diesen Bewertungsdimensionen kommt, umso passgenauer und wahrscheinlicher ist es, dass es vom Kunden akzeptiert wird.

In der Praxis werden sich die Szenarien im Erfüllungsgrad der einzelnen Entscheidungsdimensionen unterscheiden. Darstellen lassen sich die Ergebnisse sehr gut in Form eines Spinnendiagramms.

Die folgende Abbildung zeigt drei verschiedene Szenarien.

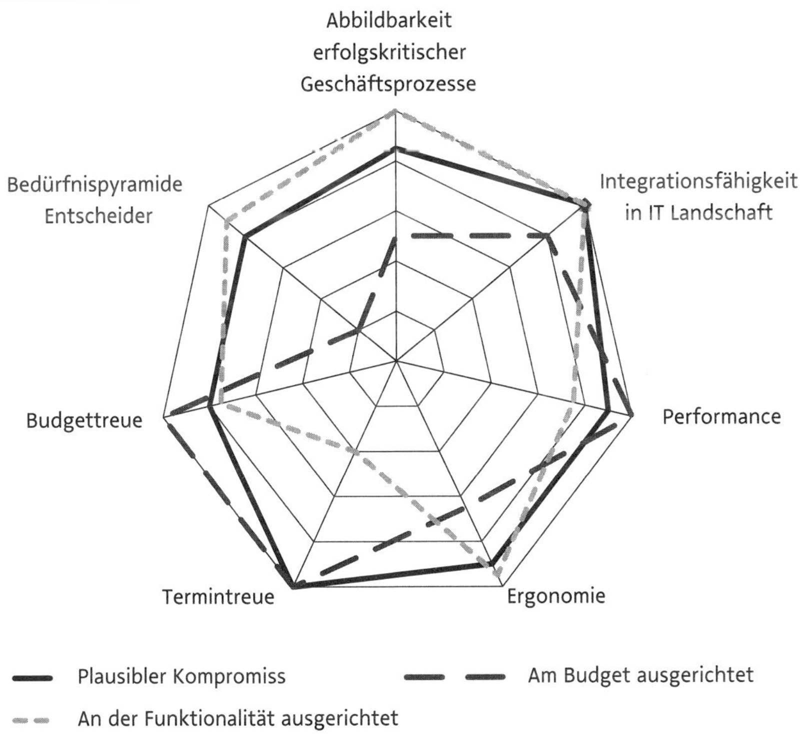

Abb. 15: Das Spinnendiagramm

Spätestens bei der Diskussion der Szenarien kommt Ihr Kunde wieder ins Spiel. Stellen Sie die verschiedenen Szenarien vor, erläutern Sie die Vor- und Nachteile. Seien Sie dabei ehrlich und vollständig. Ihre Argumentation nimmt die Aussagen des Kunden aus dem Anforderungsworkshop auf, die Sie über Ihre Fragen nach den Zielen der einzelnen Anforderungen gewonnen haben. Die folgenden Formulierungen nehmen die Bedürfnisse Ihres Kunden sprachlich auf:

- »..., weil Ihnen der Einführungstermin sehr wichtig war.«
- »..., damit die Bedienung besonders einfach bleibt.«
- »..., um Ihnen frühzeitig die Sorge zu nehmen, dass ...«
- »Mit dem Ziel, die operativen Kernprozesse schnell produktiv zu setzen.«

Sie finden für Ihren konkreten Fall leicht die richtige Formulierung, wenn Sie die Szenarien unter den Maßgaben des Kunden entwickelt haben. Gehen Sie offen in die Diskussion, aber benennen und begründen Sie Ihre bevorzugte Lösung. Womöglich haben Ihre Gesprächspartner Ideen, auf die Sie nicht gekommen sind. Nehmen Sie diese auf. Ein konstruktives Ringen um die beste Lösung schweißt Sie und Ihren Kunden zusammen. Und die Chancen, dass Ihr

Auftraggeber dem endgültigen Vorschlag zustimmt, steigen, wenn er darin auch seine eigenen Impulse wiedererkennt.

7.2.3 Übung 23: Fragen zur Bewertung von Anforderungen sammeln

»Wer fragt, der führt« lautet eine alte Managerweisheit. Fragen sind gerade in Anforderungsworkshops wichtig. Sammeln Sie alle Fragen zur Bewertung von Anforderungen, die Sie in diesem Kapitel finden, und bringen Sie diese in eine für Sie passende Prioritätenliste. Formulieren Sie die Fragen ruhig um, sodass sie zu Ihrem Sprachgebrauch passen. Sammeln Sie weitere Fragen, die Sie als hilfreich im Anforderungsprozess erlebt haben.

Tipp

Es wird Bereiche in der Wunschliste Ihres Kunden geben, die in keinen Szenarien abgebildet werden. Sie tun gut daran, speziell für diese Wünsche konkrete Vorschläge zu erarbeiten, verbunden mit einer Empfehlung, wie damit verfahren werden sollte. Es gibt im Wesentlichen die folgenden Handlungsmöglichkeiten:

- *Weglassen*, weil die Funktion keinen Beitrag zum Ziel leistet.
- *In einem anderen System lösen*, weil dies dort viel einfacher möglich ist oder logisch dorthin gehört.
- *In eine spätere Stufe verschieben*, weil ansonsten der Terminplan gefährdet ist und der Kunde auch ohne diese Funktion starten kann.
- *Verwerfen*, weil sich die Funktion manuell wirtschaftlicher erledigen lässt.
- *Vorbereiten*, aber nicht fertig stellen, weil der Bedarf zur Automatisierung eines Schrittes erst später entstehen wird.

7.3 Mit Grenzverletzungen professionell umgehen

7.3.1 Aus dem Projektalltag

Martin Keller und Felix Engel sind beide Projektleiter. Martin Keller ist ein robuster, erfahrener Haudegen. Er kann gut austeilen, aber auch viel einstecken. Er hört bei vielen Anspielungen nicht so genau hin und geht einfach darüber hinweg. Wenn es ihm ein bisschen zu bunt wird, spielt er seine Schlagfertigkeit aus und lächelt anschließend die Situation einfach weg.

Felix Engel ist noch in der Lernphase und dadurch gelegentlich ein wenig unsicher. Er arbeitet sehr gewissenhaft und legt Wert darauf, dass seine Entscheidungen vom Team verstanden und akzeptiert werden. Die Kollegen beschreiben ihn als kollegialen Typen, nett und empfindsam, manche nennen ihn dünnhäutig. Geht ihn jemand schroff an, verunsichert ihn das und er verliert leicht den Faden.

Beide leiten bei einem Kunden ihres Arbeitgebers jeweils ein unterschiedliches Projekt. In den beiden Lenkungsausschüssen sitzt unter anderem der IT-Leiter Andreas Winter, der alles andere als zimperlich ist, wenn es darum geht, die Interessen seines Arbeitgebers zu vertreten. Das Projekt von Martin ist in eine ziemliche Schieflage geraten. Die Arbeit von Felix und seinem Team hingegen genießt große Zufriedenheit der Fachabteilung.

Im Lenkungsausschuss mit Martin poltert der IT-Leiter: »Bei Ihnen frage ich mich, ob Sie Ihren Verstand nur an der Garderobe abgeben oder ihn im Alter von 15 Jahren in der Elbe versenkt haben.« Martin ist nicht verlegen und erwidert schmunzelnd: »Wenn Sie danach tauchen, dann sehen Sie doch gleich nach, ob Sie Ihre Manieren dort finden.«

In aufgebrachter Stimmung geht es für Andreas Winter, den IT-Leiter, zum nächsten Lenkungsausschuss. Hier wartet schon Felix und bekommt zur Begrüßung gleich zu hören: »Der nächste Irre, der mein Geld durch den Schornstein jagt. Los, muntern Sie mich auf!«

Felix blickt etwas verloren drein, weiß nicht, was er antworten soll und stammelt sich eher schlecht als recht durch das Meeting. Dabei hat er fast nur gute Nachrichten zu überbringen. Aber er wirkt fahrig, redet leise, blickt häufig zur Decke und traut sich nicht, die immer noch fehlenden Mitwirkungsleistungen seines Kunden einzufordern.

7.3.2 Situationsanalyse

Obwohl es Martin Keller in unseren Augen vielleicht härter getroffen hat, waren die schroffen Worte des IT-Leiters bei Felix Engel erheblich folgenschwerer. Menschen haben offensichtlich sehr unterschiedliche Grenzen. Zwischen einer eindeutigen, in unserer Kultur unstreitigen Grenzüberschreitung und der ebenso zweifelsfrei partnerschaftlichen Kommunikation auf der anderen Seite der Skala liegt eine große Grauzone des Verhaltens. Was für den einen schon als Grenzüberschreitung wirkt, empfindet ein anderer als lockeren Spruch. Es kommt aber nicht darauf an, ob der Sender einer Botschaft eine Grenze seines Gegenübers bewusst überschreiten wollte. Die Wirkung einer Grenzüberschreitung entsteht beim Empfänger. Wie hat der Adressat die Botschaft erlebt?

Wir müssen uns nicht alles gefallen lassen

Immer dann, wenn wir uns verletzt fühlen, wenn wir glauben, einem äußeren Erwartungsdruck nachgeben zu müssen, wenn uns jemand beleidigt oder auch, wenn er uns zu nah »auf die Pelle rückt«, immer dann haben wir es mit einer Grenzüberschreitung zu tun. Da gibt es sehr eindeutige Beispiele wie sexuelle Belästigung von Kolleginnen oder die persönliche Beleidigung eines Kollegen. In solchen Fällen gibt es keine zwei Meinungen. Nur liegen die Dinge nicht immer so einfach. Was für den einen eine schwere Grenzverletzung ist, kann für die andere eine belanglose Kleinigkeit sein.

Es ist wichtig, dass wir uns unserer individuell unterschiedlichen Grenzen bewusst sind und sie annehmen. Wenn Sie sich verletzt oder unter Druck fühlen, stehen Sie dazu und gestehen Sie es sich zu, unabhängig davon, was andere sagen. »Stell' dich nicht so an. Sei doch nicht so eine Mimose!« sind Sätze, die dann gerne fallen. Aber Grenzen sind relativ. Was für den einen eine Grenzüberschreitung darstellt, kann für den anderen unproblematisch sein.

Woher weiß mein Gesprächspartner, dass er eine Grenze überschritten hat?
Wenn unsere Grenzen so verschieden sind, woher soll dann mein Gegenüber meine subjektiven Grenzen kennen? Die Antwort fassen Anselm Grün und Ramona Robben (2015) so zusammen:

> *»Wir müssen aber auch lernen, zu unserer Grenze zu stehen und sie anderen auch zu signalisieren. Der andere kann es von sich aus nicht wissen. Wir müssen es ihm sagen oder ihm durch unser Verhalten klar machen, wo unsere Grenze liegt. Jeder ist für seine eigene Grenze verantwortlich.«*

Das ist eine Sicht, die Sie vielleicht überrascht. Unser Gegenüber ist also nicht zwangsläufig der Böse, der uns Übles will. Womöglich wähnt er sich noch im sicheren Bereich, sozusagen am Beginn der Grauzone. Für uns ist die Situation aber schon im tiefroten Bereich. Und hier erklären uns Grün und Robben, dass es unsere eigene Aufgabe ist, dieses »Rot« nach außen zu signalisieren.

Die Verantwortung für die eigene Grenze leben
Wie formuliert man eine Grenzverletzung und teilt sie seinem Gegenüber mit? Wie kann dies auch in einer emotional belastenden Stimmung gelingen?

Phase 1: Ruhiger werden
Atmen Sie zwei- bis dreimal tief ein und wieder aus. Das können Sie auch leise tun, damit es nicht wie ein wütendes Schnaufen klingt. Sie werden merken, dass Sie ruhiger werden. Wenn das nicht hilft, gehen Sie auf die Toilette, schließen sich ein und schnaufen mehrfach laut, bis Sie ruhiger werden. Sammeln Sie Ihre Gedanken und gehen zügig und mit Blickkontakt zum Absender zurück.

Phase 2: Befindlichkeit mitteilen
Verwenden Sie Ich-Botschaften, um Ihre Stimmung und die Wirkung der erlebten Grenzüberschreitung mitzuteilen. Sprechen Sie in der Ich-Form. Reden Sie mit möglichst fester Stimme und offenem Gesichtsausdruck. Beispiele:

- »Die Äußerung hat mich im Mark getroffen. So lasse ich mit mir nicht reden.«
- »Solche persönlichen Angriffe treffen mich als Mensch. Das bin ich nicht bereit zu akzeptieren.«
- »Die Forderungen, die jetzt auf dem Tisch liegen, nehme ich als anmaßend und überzogen wahr. Ich fühle mich ausgenutzt.«
- »Uns in einem persönlichen Gespräch zu belauschen, finde ich respektlos. Ich dulde so etwas nicht.«

Sie können durchaus klare Worte wählen. Schließlich greifen Sie nicht an, sondern sprechen über sich. Und weil es Sie tief getroffen hat, darf das ruhig auch nach außen dringen. Letztlich wollen Sie zweifelsfrei klarstellen, dass Sie das nicht noch einmal hören oder erleben möchten. Da macht es auch keinen Unterschied, ob Sie Ihr Team, Ihren Kunden oder Ihren Chef vor sich haben. Die Wortwahl mag jeweils anders sein, aber die Klarheit der Aussage sollte erhalten bleiben.

Phase 3: Schweigen und Reaktion abwarten
Jetzt haben Sie erst einmal Redepause. Beobachten Sie die Reaktion Ihres Gegenübers. Nach einem ersten, meist verdutzten Blick hören Sie in der Regel einen oder mehrere Sätze aus den folgenden Kategorien:

Kategorie 1: »Es tut mir leid. Ich schlage manchmal über die Stränge. Es ging nicht gegen Sie persönlich.« Anschließend folgen wortreiche Rechtfertigungen und Erklärungen.

Kategorie 2: »Meine Güte, jetzt seien Sie doch nicht so empfindlich.«

Kategorie 3: »Ich verstehe beim besten Willen nicht, worüber Sie sich aufregen.«

Kategorie 1 ist die **Entschuldigung**. Der Gesprächspartner weiß, dass sein Verhalten nicht in Ordnung war, und wird sich voraussichtlich zukünftig mäßigen. Seien Sie souverän und nehmen die Entschuldigung einfach an. Kommentieren Sie nicht seine angehängten Erklärungen.

Kategorie 2 ist das **schlechte Gewissen**. Ihr Gegenüber merkt, dass er übers Ziel hinausgeschossen hat, hat aber zu wenig Selbstsicherheit für eine Entschuldigung. Deshalb versucht er, das Geschehene herunterzuspielen. Bleiben Sie bei Ihrem Punkt und wiederholen Sie ihn. (»Ich für mich erlebe das als verletzend.«) Sie haben einen Anspruch darauf, dass andere Ihre Grenzen respektieren, wenn sie diese kennen.

Kategorie 3 ist die **Ignoranz**. Der Sender erkennt wirklich nicht oder will nicht erkennen, dass er bei Ihnen eine Grenze überschritten hat. Hier können Sie nicht auf Einsicht hoffen. Ihre Grenzen dürfen aber auch durch einen Ignoranten nicht verletzt werden. Das können Sie durchsetzen! Darauf haben Sie einen Anspruch. Nur müssen Sie diesem Anspruch explizit Nachdruck verleihen. Beispiel: »Unabhängig davon, wie Sie das sehen, bestehe ich darauf, dass solche Aussagen, die mich verletzen, zukünftig unterbleiben.« Bitten Sie nicht, sondern *bestehen* Sie darauf. Regen Sie nicht an, *verlangen* Sie. Wünschen Sie sich nichts, *erwarten* Sie. Wählen Sie eine Formulierung, die der Situation angepasst ist, aber wählen Sie vor allem eine, die Nachdruck vermittelt. Halten Sie während der gesamten Phase Blickkontakt. Das ist besonders bei Reaktionen der Kategorie 3 wichtig, denn es unterstreicht Ihre Entschlossenheit.

Phase 4: Nachhaltigkeit sicherstellen

Es geht am Ende darum sicherzustellen, dass Ihr Gegenüber zukünftig diese Grenze respektiert. Dazu müssen Sie das Gespräch nach der Klärungsphase konstruktiv fortsetzen. Störungen der Kategorie 1 sind eigentlich mit der Entschuldigung erledigt. Nehmen Sie das anstehende Thema wieder auf: »Dann lassen Sie uns weiter machen mit ...«

In der Kategorie 2 dürfen Sie gern noch einen souveränen Abschluss wählen. Hier eignen sich zwei Anschlüsse:

- Eine geschlossene Frage: »Kann ich mich darauf verlassen, dass wir zukünftig ohne solche Verletzungen auskommen?« Warten Sie dann auf das »Ja«, in welcher Form es auch immer kommt.
- Oder ein expliziter Appell: »Ich lege Wert darauf [alternativ: »mir ist wichtig« oder »ich dränge intensiv darauf«], dass wir zukünftig ohne solche Verletzungen auskommen.«

Nehmen Sie anschließend das anstehende Thema wieder auf.

In Kategorie 3 benötigen Sie einen Abschluss. Verwenden Sie den Appell:

»Ich bestehe darauf, dass solche Formulierungen in unserer Zusammenarbeit zukünftig keinen Platz haben!«

Das ist eine klare Ansage, die keiner Zustimmung bedarf. Die geschlossene Frage entfällt, denn es fehlt ja die Einsicht des Gegenübers. Und die Gefahr einer Diskussion über Ihre »Dünnhäutigkeit« nähme zu. Nehmen Sie nach Ihrem Appell das anstehende Thema wieder auf.

Seien Sie ein Vorbild

Die Grenzen des Gesprächspartners zu achten, bedeutet, ihm mit Wertschätzung zu begegnen, ihn in seinen Befindlichkeiten und vielleicht auch Animositäten anzunehmen und zu respektieren. Darauf hat jeder Mensch einen unbedingten Anspruch. Nur müssen wir auch wissen, wo die individuellen Grenzen unserer Gesprächspartner liegen. Dazu müssen sie von ihnen klar benannt werden. Wie wir unsere Grenzen kommunizieren, haben wir besprochen. Wenn wir als Sender agieren, kehren sich die Rollen um. Dann sind wir es, die möglicherweise Grenzen überschreiten und die Rückmeldung über Grenzverletzungen entgegennehmen. Entweder kennen wir die Grenzen unserer Mitmenschen nicht oder wir verhalten uns unachtsam.

Seien wir also auf unerwartete Reaktionen gefasst. Und disqualifizieren wir nicht jedes Verhalten gleich als »komisch«, das wir nicht verstehen. Vielleicht haben wir durch unsere Sprache, durch unser Verhalten oder Unterlassen Grenzen beim Anderen verletzt. Nehmen Sie »befremdliches« Verhalten Ihres Gegenübers zum Anlass, selber aktiv nachzufragen: »Ich habe den Eindruck, dass ich bei Ihnen gerade eine Grenze verletzt habe?«

7.3.3 Übung 24: Erleben Sie Ihre individuellen Grenzen

Unsere Übung ist eine Gruppenübung. Am besten gelingt sie, wenn eine gerade Anzahl von Personen teilnimmt, mindestens vier.

Stellen Sie sich in Paaren an unterschiedlichen Punkten im Raum oder auf einer Wiese auf. Die Partner schauen sich an und sollten in der Ausgangsposition mindestens vier Meter Abstand zueinander haben. Beide Partner gehen dann langsam aufeinander zu. Sobald es sich für einen der beiden unangenehm anfühlt, weil seine Distanzgrenze überschritten wurde, ruft er »Stopp« und beide bleiben stehen. Nun wiederholen Sie die Übung, bleiben aber erst stehen, wenn auch der zweite Teilnehmer »Stopp« gerufen hat. Wechseln

Sie danach die Zusammensetzung der Paare und wiederholen Sie die Übung. Messen Sie nach jedem Durchlauf die Entfernung, in der die Paare zum Stehen gekommen sind.

Diskutieren Sie anschließend die Ergebnisse unter den Teilnehmern und wie sie die Distanz-Übung erlebt haben.

Paar	Entfernung

7.4 Umgang mit schwierigen Kunden

7.4.1 Aus dem Projektalltag

Projektleiter Felix Engel kommt morgens ins Büro hinein, lässt den Rucksack neben den Schreibtisch plumpsen und sich selbst auf den Bürostuhl fallen. »Was ist denn mit dir los? Schon platt am frühen Morgen?«, fragt die Kollegin. »Ich hatte gestern einen sehr anstrengenden Termin bei unserem Kunden, ein Meeting mit dem IT-Leiter«, berichtet Felix. »Der Typ ist wirklich ein schwieriger Zeitgenosse. Stell dir mal vor, er wurde am Ende sogar noch beleidigend und hat mir unterstellt, ich hätte keinen Verstand mehr.« Felix Engel kommt richtig in Fahrt und beschreibt seinen Gesprächspartner als Egomanen, Dauernörgler und Profilneurotiker. »Für den zählen nur seine Sachen. Der geht überhaupt nicht auf irgendeinen Vorschlag ein, den wir gemacht haben. Dauernd meckert er nur und immer wieder kommt er auf Sachen zu sprechen, die schon längst Vergangenheit sind. Ich war fix und fertig gestern Abend und heute geht's mir auch noch nicht viel besser.« Immer noch erschöpft vom gestrigen Tag fühlt sich Felix abgespannt, gestresst und ratlos. Wie soll er nur Zugang zu diesem schwierigen Menschen bekommen?

Martin Keller, sein Projektleiterkollege, hat zugehört. »Ich verstehe nicht, was du für Probleme mit ihm hast. Ich komme ganz gut mit dem IT-Leiter zurecht. Es stimmt schon, er ist manchmal ganz schön fordernd, aber man kann ihn auch wieder einfangen. Und seinen ganz speziellen Humor, den mag ich sogar an ihm.«

7.4.2 Situationsanalyse

Ob ständig fordernde Kunden, nervige Kollegen oder mürrische Verwandte, irgendwann begegnen jedem einmal schwierige Zeitgenossen. Ein Zuhörer des Gesprächs zwischen Martin und Felix könnte meinen, die Kollegen sprechen über zwei verschiedene Menschen. Für Felix ist der IT-Leiter eine menschliche Zumutung, für seinen Kollegen ein fordernder, aber humorvoller Zeitgenosse. Ein Mensch, mit dem der eine nicht gut zurechtkommt, kann für den nächsten leicht und angenehm im Umgang sein.

Dabei stören uns nicht so sehr einzelne Situationen. Der Call-Center-Mitarbeiter, der uns seine schlechte Laune spüren lässt, oder der Drängler in der Schlange an der Kasse sind zwar in der Regel einen Aufreger wert, aber auch schnell wieder vergessen. Doch Kunden oder Kollegen, mit denen wir täglich oder regelmäßig zu tun haben, können ganz schön an unseren Nerven sägen.

Perspektivenwechsel: Die Schwierigkeit liegt bei uns
Woran liegt es, dass wir bestimmte Menschen als schwierige Zeitgenossen wahrnehmen? Und was können wir tun, damit ein schwieriger Kunde oder Kollege erträglich wird? Vor allem dann, wenn wir uns diesem Menschen nicht einfach entziehen können?

Ein schwieriger Zeitgenosse ist jemand, der uns durch sein Auftreten und seine Eigenschaften so herausfordert, dass es unsere Reaktionsmöglichkeiten, unsere üblichen Verhaltensmuster übersteigt. Wir fühlen unsere Grenzen und reagieren z. B. mit Sprachlosigkeit, Mattheit und Müdigkeit, Kummer, Traurigkeit, aber auch mit Unruhe und Verwirrung. Wir haben keine Idee, kein Verhaltensrepertoire und keine passenden Worte, um angemessen auf unser »schwieriges« Gegenüber zu reagieren.

Unsere Analyse zeigt: Die Schwierigkeit liegt in unserem Vermögen, angemessen zu handeln, weniger in der Person des Gegenübers. Oder, noch provokanter formuliert: Wir können unsere Schwierigkeiten im Umgang mit Menschen daher als Aufforderung betrachten, uns selbst weiterzubilden. Die Schwierigkeiten werden quasi angezogen von unserer Prägung, unseren Erfahrungen und Erinnerungen und unserer inneren Haltung.

Vor allem fühlen sich schwierige Menschen in unserem Umfeld wohl, wenn wir nicht angemessen auf unsere Bedürfnisse achten. Dabei reicht es schon, dass wir unsere Bedürfnisse bewusst anerkennen, sie müssen noch nicht einmal befriedigt werden, um die unangenehme Situation ins Positive zu drehen.

In unserem Beispiel beklagt Felix die fehlende Wertschätzung seines Kunden für seine Vorschläge und die fehlende Bereitschaft zur Zusammenarbeit, wenn es um die Realisierung von Anforderungen geht. Hier lohnt ein Blick auf die eigenen Bedürfnisse: Inwieweit sind Felix' Bedürfnisse nach einem wertschätzenden Miteinander befriedigt? Hat er diese Bedürfnisse überhaupt schon bei sich registriert? Spürt er einen Mangel?

Die Hinwendung zu sich selbst, also die Selbstbeobachtung und das Ernstnehmen der eigenen Bedürfnisse, ist der Königsweg zum Umgang mit schwierigen Zeitgenossen. Man spielt sozusagen über die Bande: Wer sich um den eigenen Mangel, das eigene Bedürfnis kümmert, stärkt sich innerlich. Wir ändern unsere Haltung, machen neue Erfahrungen und formen die Erinnerung neu. Das macht uns robuster im Umgang mit schwierigen Situationen.

Halb voll oder halb leer?
Ein weiterer Aspekt spielt in diesen Situationen eine Rolle. Wir leben in einer Welt voller Widersprüche und widerstreitender Perspektiven. In unserem Eingangsbeispiel zeigt sich dies an den unterschiedlichen Wahrnehmungen der Kollegen. Jeder hat ein anderes Bild vom Kunden.

Andere Beispiele für widerstreitende Perspektiven sind die sprichwörtlichen halb vollen oder halb leeren Gläser oder einfach Umstände, die für den einen als günstig und positiv, für den anderen aber negativ wahrgenommen werden. Solche Widersprüche sind für uns schwer zu ertragen, da wir immer nach Eindeutigkeit streben.

Alles hat zwei Seiten. Meistens hängen wir an einer Seite und kommen nicht von ihr los. Wir halten unser Gegenüber in einer ganz bestimmten Schublade förmlich gefangen. Aber wir können uns zwischen verschiedenen Perspektiven entscheiden und lernen, entsprechend zu handeln. Ist für uns das Glas halb voll, handeln wir aus der Fülle heraus. Wir fühlen uns dabei vielleicht entspannt, fröhlich, gut gelaunt, zuversichtlich oder hoffungsvoll. Ist für uns das Glas halb leer, sprechen und handeln wir aus dem Mangel heraus. Wir sind ängstlich, angespannt, skeptisch oder ungeduldig. Durch unser Verhalten spiegeln wir die empfundene Fülle oder den Mangel zurück. Wie mag unser Gegenüber uns in diesen beiden Fällen wahrnehmen?

Wenn Sie sich darauf einlassen, dass es auch eine andere, alternative Sicht auf die Dinge geben könnte, kann es passieren, dass Ihr sonst so stimmiges Bild ins Wanken gerät. Es kann sein, dass Sie eine erste Ahnung davon entwickeln, dass die verfahrene Gesprächssituation mit dem Kunden vielleicht nicht nur mit ihrem Gesprächspartner zu tun hat, sondern auch Sie daran beteiligt sind. Sie werden bei solchen Überlegungen merken, dass es in Ihnen rebelliert, als würde sich jemand vehement gegen eine neue Sicht der Dinge sperren. Eine unangenehme innere Anspannung kann sich entwickeln, bis hin zu Verwirrung, die es zu ertragen gilt, wenn Sie die Situation bewältigen und einen Durchbruch erzielen wollen. Damit sind Sie mitten drin in einem Veränderungsprozess, über den Sie in Kapitel 8.1 mehr erfahren. Einen Kunden mit anderen Augen zu sehen, in Erwägung zu ziehen, dass es auch anders sein kann, ist keine Aufforderung zum unreflektierten Optimismus. Aber es ist eine *Einladung zum Perspektivenwechsel*, der neue Handlungsoptionen ermöglicht.

7.4.3 Übung 25: Portrait eines schwierigen Menschen zeichnen – eine Polaritäten-Übung

Bei dieser Übung betrachten wir ganz bewusst zwei Seiten eines Menschen. Bitte beobachten Sie sich selbst während dieser Übung und schenken Sie Ihren Gefühlen besondere Aufmerksamkeit. Denken Sie an einen »schwierigen« Mitmenschen, der Ihnen immer wieder Probleme bereitet, mit dem Sie nicht warm werden oder durch den immer wieder schwierige Situationen auftreten. Notieren Sie als Erstes Eigenschaften oder Verhaltensweisen dieser Person, die Sie bemängeln, beklagen, die stören und immer wieder zu Problemen führen.

____

____

____

____

____

Kann es sein, dass dieser Mensch noch eine andere, positive Seite hat? Überlegen Sie, welche Eigenschaften Sie an dieser Person mögen könnten. Seien Sie dabei ehrlich zu sich selbst. Es kann sein, dass Ihr Innerstes rebelliert und Ihnen zunächst partout keine positiven Eigenschaften einfallen wollen. Bleiben Sie dran und geben Sie nicht auf.

Was mag ich an ihm oder ihr?

____

____

____

____

____

Wie fühlen Sie sich, nachdem Sie bewusst beide Seiten betrachtet und reflektiert haben? Notieren Sie Ihre Gefühle.

Gehen Sie nun noch einen Schritt weiter und entwickeln Sie ein Portrait Ihres schwierigen Zeitgenossen. Schreiben Sie Ihre gesammelten negativen und positiven Eigenschaften der Person jeweils in einen Rahmen hinein. Dann zeichnen oder skizzieren Sie die Person in jeden Rahmen. Betrachten Sie Ihr Werk. Stellen Sie Unterschiede zwischen den beiden Portraits fest?

Portrait eines schwierigen Mitmenschen – seine negativen Eigenschaften

Portrait eines schwierigen Mitmenschen – seine positiven Eigenschaften

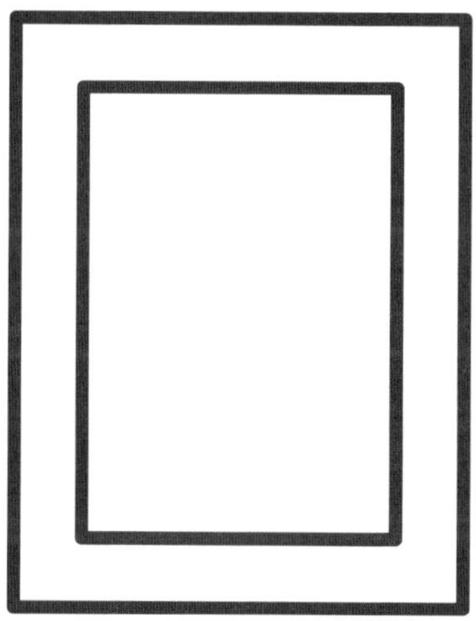

Hinweis: Es kann passieren, dass Ihnen immer wieder die gleichen Charaktere als schwierige Zeitgenossen über den Weg laufen. Wenn Sie feststellen, dass die Menschen immer schwieriger werden oder Ihnen immer mehr problematische Menschen begegnen, lesen Sie bitte Kapitel 3.1. Dort erfahren Sie, was hinter der wahrgenommenen Zunahme von problematischen Situationen und Menschen stecken kann.

8 Veränderungsmanagement als Führungsaufgabe

Zusatzmaterialien zu diesem Kapitel finden Sie unter:
www.crashkurs-it-projektleitung.de/veraenderungsmanagement

8.1 Individuelle Verhaltensänderungen unterstützen

8.1.1 Aus dem Projektalltag

Der Geschäftsführer Christian Albrecht lädt zur Projektleiterrunde. Benjamin Weiß, einer der Projektleiter, hat mit der Begründung abgesagt, der Kunde wünsche seine Anwesenheit vor Ort, das Projekt sei im kritischen Zustand.

»Das kann doch nicht wahr sein«, Christian ist verärgert. »Ich habe extra darauf bestanden, dass alle kommen. Und gerade Benjamins Anwesenheit wäre notwendig gewesen. Seine Projekte sind immer kritisch, egal in welchem Status sie wirklich sind.«

Christian vermutet bei Benjamin einen besonderen Hang zur Kontrolle. Eigenbrötlerisch war er schon länger, aber es wird immer schlimmer. Es ist schon so weit, dass der Projektleiter immer eigenhändig alles kontrolliert und das Projekt deswegen in Verzug kommt.

Der Geschäftsführer gibt sich nachdenklich. »Gestern hat mich der Kunde schon wieder angerufen und sich beklagt. Es geht in seinen Augen nicht voran – vor lauter Kontrolle durch den Projektleiter. Qualität ist gut, keine Frage, aber muss das bis in die Haarspitzen sein? Und es passiert immer häufiger, dass Kunden sich darüber beschweren.«

Fragt man Benjamin, hat er seiner Meinung nach nur das umgesetzt, was ihm vor Jahren als wichtiger Baustein für den Projekterfolg beigebracht wurde. Offensichtlich ist vollständige Kontrolle für den Projektleiter über die Jahre ein wichtiger Grundsatz seiner Arbeit. Aber heute sind die Entwicklungsmethoden agil, d. h. man hangelt sich entlang der Anforderungen Stück für Stück voran und nimmt in den Live-Betrieb auf, was fertiggestellt wurde.

Benjamin merkt selber, dass er mit seinem Kontrollbedürfnis immer seltener zu dem erwünschten Ergebnis kommt, nämlich dank fehlerarmer Software zu einem zufriedenen Kunden. Dass seine Methoden nicht mehr funktionieren, überrascht und irritiert ihn selber. Und er steckt mehr und mehr Energie in das gewohnte Verhaltensmuster, damit die gewünschten Ergebnisse entstehen und er weiterhin »alles im Griff« hat. Das Verhalten stagniert, der Projektleiter gerät in einen Teufelskreis und der Stresslevel steigt. Die Kunden beschweren sich, woraufhin immer mehr Energie in das Projekt investiert wird. Trotzdem hat der Projektleiter sein Projekt und die Beteiligten immer weniger im Griff. Das geht häufig so lange, bis es zu einer stressbedingten Erkrankung, einem Burnout oder einer Kündigung kommt.

8.1.2 Situationsanalyse

Menschen in dieser Situation fühlen sich gedrängt und fremdbestimmt, haben ihrer Meinung nach keine Wahl, sind hilf- und ratlos, ja verzweifelt. Und obwohl die Situation viele Signale sendet, an denen wir erkennen könnten, dass Veränderungen unseres Verhaltens und unserer Entscheidungen notwendig sind, sind wir häufig Meister im Verdrängen und Ignorieren, so lange, bis die Lage eskaliert.

Entwicklung heißt auswickeln und entfalten

Für Außenstehende ist es häufig offensichtlich, dass sich etwas ändern muss. Der Betroffene selbst ist auf dem Auge noch blind, er kann die Welt nur aus seiner gewohnten Perspektive betrachten. Das *Engpass-Modell* von Fritz Perls, einem einflussreichen deutsch-amerikanischen Psychologen, kann hier eine Orientierung bieten, wie ein Veränderungsprozess gelingen kann.

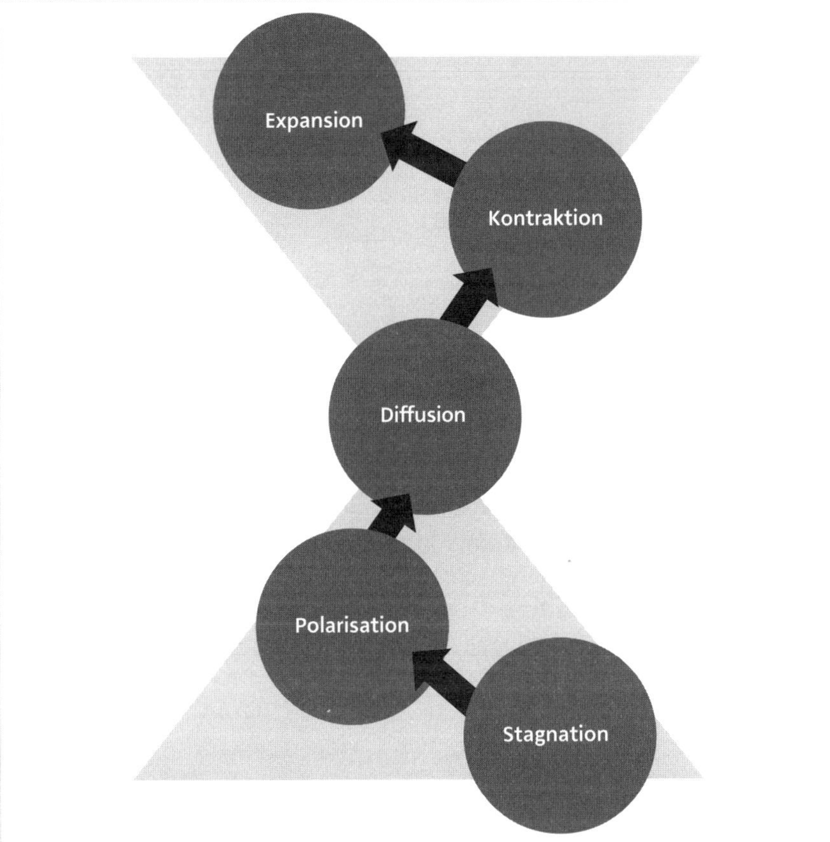

Abb. 16: Das Engpass-Modell (nach Fritz Perls)

Phase 1: Stagnation

Eine Veränderung kann dann beginnen, wenn infolge der alten Verhaltensmuster eine *Stagnation* eingetreten ist. In unserem Beispiel bemerkt der Projektleiter, dass sein übertriebenes Kontrollbedürfnis verhindert, dass er seine selbstgesteckten Ziele erreicht. Das bewährte Handlungsmuster funktioniert nicht mehr, er eckt mit seinem Verhalten an, gerät in Konflikt mit »schwierigen« Projektbeteiligten, kurz: die Welt scheint sich gegen ihn verschworen zu haben. Das sind eindeutige Kennzeichen für eine Stagnation.

Phase 2: Polarisation

Der nächste Schritt der Veränderung, die *Polarisation*, besteht in der Erkenntnis der eigenen einseitigen Sichtweise auf das Geschehen. Es kann aber einen Gegenpol geben. Diesen zu sehen und die Sichtweise des Gegenpols zu akzeptieren, ist der erste Schritt der Entwicklung und Entfaltung einer neuen Sichtweise und neuer Verhaltensmuster. Das Erleben der Polarität (beides kann gültig sein) bringt in der Regel keine Erleichterung. Der Betroffene fühlt oft innere Spannung und Zerrissenheit, er weiß nicht mehr, was richtig und was falsch ist.

Phase 3: Diffusion

Der Veränderungsprozess kommt dann in eine kritische Phase. Fritz Perls spricht hier von dem »Engpass der Veränderung«, die *Phase der Diffusion*. Die zwei Seelen in der Brust des Betroffenen zerren zur einen und zur anderen Seite. Es geht darum, das alte Muster (»Nur durch Kontrolle habe ich alles hundertprozentig im Griff«) abzulegen und sich mit neuen Verhaltensmustern anzufreunden (»Führung im Projekt mit Zielvorgaben heißt auch, dem Mitarbeiter zu vertrauen«).

Diese Situation kann sehr belastend sein. Sie ist häufig durch Angst, Widerstand, Orientierungslosigkeit und der Suche nach Lösungen geprägt. Es entsteht ein Gefühl von Enge und Verwirrung. Jeder Versuch, die Verwirrung zu entwirren, bringt mehr Verwirrung. In dieser Phase geht es darum, die Verwirrung auszuhalten und den nächsten Schritt zu erwarten. Stehen größere Veränderungen an, wie z.B. der Wechsel des Arbeitsplatzes, eine kritische Projektsituation oder eine Erkrankung, ist an dieser Stelle die Unterstützung durch einen Coach oder Trainer sinnvoll und für den Betroffenen sehr hilfreich.

Gelingt es nicht, die Phase der Verwirrung zu durchschreiten, fällt der Betroffene wieder zurück in das alte Muster und erlebt die Stagnation und das Scheitern seiner gewohnten Verhaltensmuster erneut. Es gibt Menschen, die im Laufe eines Veränderungsprozesses mehrmals zurückgehen in die Stagnationsphase und ihr Dilemma wiederholt erleben.

Phase 4: Kontraktion

Ist der Engpass durchschritten, folgt die *Phase der Kontraktion*. Es kristallisieren sich ein Thema, ein Motiv oder eine Aufgabe deutlich heraus. Wichtig ist, dass der Betroffene sein Thema selbst findet. Häufig kann er es sprachlich zunächst nicht benennen, hat aber eine sehr konkrete Vorstellung davon. Vor allem stellt sich das Gefühl ein, dass die Person selber weiß, worum es geht, und »endlich klar sieht«. Das Festhalten an der alten Struktur, am alten Verhaltensmuster wurde überwunden.

Phase 5: Expansion
In der letzten *Phase der Veränderung*, der Expansionsphase, geht es darum, ein neues Verhalten zu entwickeln und dabei zwischen den Polen hin und her zu springen. »Das Kontrollbedürfnis hat eine Krise hervorgerufen. Jetzt will ich den Mut haben, auch einmal Risiken im Vertrauen auf die Mitarbeiter einzugehen.« Mit Kreativität und Verhaltensexperimenten können neue Verhaltensmuster entwickelt und eingeübt werden.

8.1.3 Übung 26: Ressourcen für Veränderungsprozesse sammeln

Gerade Veränderungsprozesse, die für uns mit starken Emotionen verbunden sind, kosten Energie und Kraft. Besonders im Hinblick auf die Phase der Diffusion, die sehr aufwühlend sein kann, in der sich Widerstände aufbauen und Angstgefühle vorherrschen, ist es hilfreich zu wissen, auf welche persönlichen Ressourcen man bauen kann, welche genutzt werden können.

Diese Übung hilft Ihnen, sich auf Veränderungen mental einzustellen. Sie sammeln in dieser Übung Ihre ganz persönlichen Ressourcen, auf die Sie im Fall der Fälle zurückgreifen können.

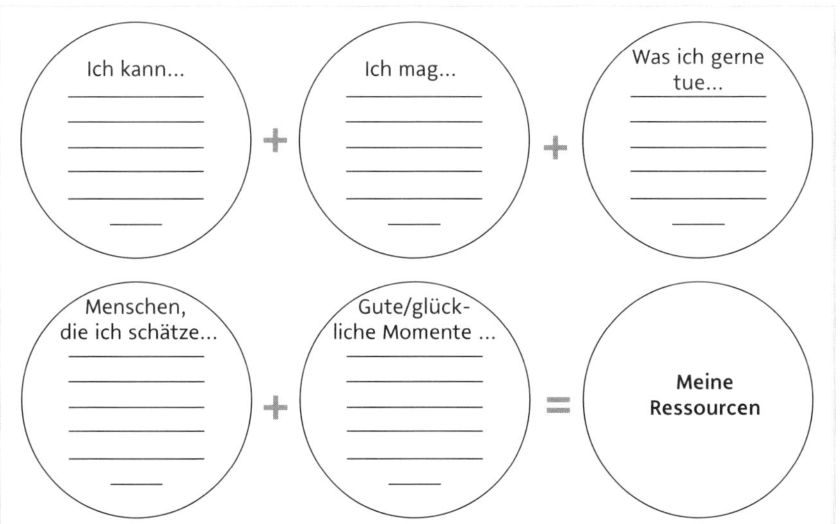

Abb. 17: Meine Ressourcensammlung (Blankovorlage)

Tragen Sie Ihre Antworten in die Übersicht ein (Abb. 17). In schwierigen Situationen holen Sie Ihre Ressourcensammlung hervor. Erinnern Sie sich, machen Sie sich bewusst, was Ihnen hilft und was Ihnen Kraft gibt. Sprechen Sie Menschen an, die sie besonders schätzen, bitten Sie um Unterstützung in schwierigen Situationen. Die Ressourcensammlung hilft Ihnen, eine andere, stärkende Perspektive in einem schwierigen Veränderungsprozess zu entwickeln.

Hinweis: Wir durchlaufen nahezu ständig Veränderungsprozesse, die unterschiedliche Bereiche unseres Lebens betreffen, im Großen wie im Kleinen. Wir durchschreiten dabei mehr oder weniger ausgeprägt einen Prozess der Veränderung, wie ihn Perls beschrieben hat. Die lapidare Feststellung, dass der Lieblingsimbiss geschlossen hat, den wir immer wieder, fast schon ritualhaft, besucht haben, bringt ebenso einen kleinen Veränderungsprozess in Gang wie das Erleben des Scheiterns in einem wichtigen Projekt. Es lohnt also, sich selbst dabei zu beobachten, wie man auf kleine Veränderungen im Alltag reagiert, wenn sich liebgewonnene Rituale plötzlich nicht mehr aufrechterhalten lassen. Wie das Gehirn, unser flexibler Denkapparat, dabei mitwirkt, lesen Sie in Kapitel 2.4.

8.2 Widerstände im Veränderungsprozess bearbeiten

8.2.1 Aus dem Projektalltag

Im Unternehmen stehen größere Veränderungen an. Die Organisation soll verändert werden, der Projektablauf wird auf iterative Verfahren umgestellt und in der Softwareentwicklung soll agil mit Scrum gearbeitet werden. Natürlich bedeutet das für alle Mitarbeiter und Kunden eine große Umstellung. Seit Wochen wird darüber gesprochen und in der Kantine diskutiert.

Einige Mitarbeiter, der Projektleiter, Entwickler und die Teamassistentin, stehen an der Kaffeemaschine und sprechen über das, was nach der Ankündigung durch die Geschäftsleitung kommen soll. Martin Keller, ein Projektleiter, meldet sich zu Wort. »Bisher hat doch alles bestens funktioniert. Die Kunden sind doch zufrieden. Und meistens hat's mit der Zeitvorgabe auch geklappt. Irgendetwas haben wir zum Termin live setzen können. Und nun wird uns das Neue als Allheilmittel gegen alle Projektkrankheiten verkauft. Das kann doch nicht gut gehen.« »Aber bedenke mal, wie hoch der Aufwand im Projekt häufig ist«, gibt der Projektcontroller Jan Schuster zu bedenken. »Die Projekte decken die Kosten nicht immer ausreichend. Vor allem, wenn viele Änderungen kommen, die wir einfach hinnehmen, weil der Kunde es so will.«

»Da musst du dich an den Vertrieb wenden«, meint Tobias Vogt, ein Entwickler, und macht eine abwehrende Handbewegung. »Wir entwickeln nur, was man uns sagt.« Er ergänzt mit leiser Stimme: »Aber zufrieden sind die Kunden dann auch nicht immer.«

Die Gruppe diskutiert noch eine Weile und tauscht Argumente aus. Dem Zuhörer wird klar, dass es neue Methoden in diesem Unternehmen schwer haben werden, Freunde zu finden. Der Widerstand gegen Veränderungen im Softwareentwicklungsprozess und beim Projektmanagement ist groß. Kann man überhaupt gegen solche Widerstände in der Belegschaft arbeiten?

8.2.2 Situationsanalyse

An diesem Beispiel wird deutlich, wie wichtig die Wahrnehmung von Widerstand gegenüber Veränderungen ist. Was uns vielleicht selbstverständlich erscheint, wird häufig übersehen. Mit einer einseitigen Anordnung von oben wird eine Veränderungsentscheidung verkündet, ohne dass Mitarbeiter und Kunden dabei mitgenommen werden. Dass solche Anweisungen ins Leere gehen, Mitarbeiter andere Wege im Verborgenen suchen, resignieren oder offen revoltieren, können wir uns gut vorstellen.

Felix klagt: »Wir haben doch alles für eine gute Vorbereitung getan, gute Schulungsunterlagen, Praxisbeispiele, sogar möglichst konsistente Daten gibt es.« Aber besonders der Kundenservice klagt, dass er nun langsamer arbeiten muss, dass bei der Bedienung nichts mehr von Hand geht und sich die Bearbeitungszeiten massiv verlängern. Hier gibt es mehrere Anwender, die wiederholt laute kritische Bemerkungen machen. Die angespannte Atmosphäre unter den Mitarbeitern bringt das Projekt in eine schwierige Phase, findet Felix und hofft, dass Matthias, der Projektleiter beim Kunden, nicht zu irritiert ist. »Ach, das ist immer so«, meint Sascha Schulte, Teamleiter Schulung. »Das erleben wir immer wieder. Die Leute reagieren auf Veränderungen eben sehr verschieden. Da gibt's diejenigen, für die es nicht schnell genug gehen kann, bis zu jenen, die auch in fünf Jahren noch der alten Lösung hinterhertrauern.«

8.3.2 Situationsanalyse

Softwareeinführungsprojekte sind immer Innovationsprojekte. Etwas Neues wird eingeführt, was häufig mit großen Veränderungen in den Arbeitsprozessen einhergeht. Ob nun bei einem Softwareeinführungsprojekt oder auch bei anderen Innovationsprojekten: Die Akzeptanz des Neuen ist ein sozialer Prozess, der einem vorgezeichneten Pfad folgt. Everett Rogers, ein amerikanischer Soziologe, spricht dazu in seiner grundlegenden *Diffusionstheorie zur Ausbreitung von Innovationen* über fünf Gruppen bzw. Personas. Danach muss das Neue (die Veränderung) sich von oben nach unten ausbreiten und alle Stadien durchlaufen. Die einzelnen Gruppen lassen sich wiederum nur schrittweise mit teilweise sehr unterschiedlichen Argumenten und Maßnahmen für die Annahme des Neuen gewinnen:

Gruppe/Persona	Anteil	Daran erkennt man sie	Maßnahmen zur Erhöhung der Akzeptanz
Innovatoren	2,5%	Sie sind Regelbrecher, Nonkonformisten, Querdenker und fehlertolerant.	Keine, sie entwickeln das Neue, die Innovation, die neue Idee.
Frühe Anwender	13,5%	Sie schaffen sich das neueste technische Gerät an, sind an Wettbewerbsvorteilen interessiert, interessieren sich früh für das Neue.	Neues früh ausprobieren lassen, Empfehlungsmarketing, Mundpropaganda, Zugehörigkeit zur Avantgarde betonen
Frühe Majorität	34,0%	Sie akzeptiert etwas Risiko, sucht klaren Nutzen, der möglichst in Geld messbar ist.	Machbarkeit demonstrieren, Nutzen herausstellen, Ertrag ausrechnen, Erfolgsgeschichten der Avantgarde präsentieren
Späte Majorität	34,0%	Sie vermeidet Risiko, folgt der Mehrheit, ist ein Herdentier.	Rationale Argumente, Fallberichte, Testimonials und Referenzen, Marktzahlen über die Nutzung, Urteile unabhängiger Instanzen
Nachzügler	16,0%	Sie lehnen Neues massiv ab, sehen immer große Gefahren für Leben, Freiheit, Moral, reichen gerne Klagen ein, um Neues zu verhindern.	Freiraum zur Diskussion geben, passgenauen Lösungsvorschlag unterbreiten; Drohen hilft nicht, aber das Lenken des Blicks auf die Bedürfnisse anderer, z.B. Kollegen

Jede Gruppe thematisiert ihre spezifischen Hindernisse, Fragen, Probleme bei Veränderungen. Daran erkennen Sie, dass mit den neuen Gedanken, dem neuen Prozess, der neuen Software noch nicht alles stimmt, etwas nicht klar und einleuchtend ist. Hier gilt es, genau nachzufragen und zu erforschen, was fehlt oder falsch ist, damit Verbesserungen erreicht werden.

Fünf Schlüssel für eine gelungene Softwareeinführung

Damit es eine neue Software, eine andere Lösung, ein neuer Prozess einfacher hat, auch Akzeptanz bei jenen Menschen zu gewinnen, die dem Neuen generell skeptisch gegenüberstehen, ist es sinnvoll, sich fünf Bereichen zuzuwenden, die das Gesamtprojekt einfacher machen.

Fünf Schlüssel für eine gelungene Softwareeinführung		
	Für das Software-Projektteam	**Für den Kunden**
1. Grundhaltung	Ihr Kunde kennt seine eigenen Abläufe, Prozesse und Probleme besser als sonst jemand. Daraus resultieren dessen Anforderungen. Der innere Antrieb: Ihr Kunde will wirtschaftlich erfolgreich sein und daher so effizient wie möglich arbeiten! Das ist gut, auch für Ihren Arbeitsplatz. Nehmen Sie Ihren Kunden ernst und hören Sie ihm zu.	Das Software-Projektteam ist am Gelingen interessiert. Es schaut anders als Sie auf die Aufgabenstellung, aber das schafft ein umfassenderes Bild und führt zu einer besseren Lösung. Menschen, die Software entwickeln, sind leidenschaftliche Handwerker, Logiker, Pragmatiker und vor allem Teamplayer. Sie wollen immer das Problem des Anwenders möglichst gut lösen. Stärken Sie diesen Antrieb durch Lob und Anerkennung.
2. Anforderungen aufnehmen	Lassen Sie sich zeigen, wie Ihr Kunde arbeitet. Machen Sie im Zweifel dort ein kurzes Praktikum. Lassen Sie sich erklären, woher genau eine Anforderung kommt und was damit bezweckt wird. Fragen Sie hartnäckig nach, so lange, bis Sie es wirklich (!) verstanden haben. Lesen Sie dazu unser Kapitel 7.2.	Seien Sie präzise und begründen Sie, warum Sie etwas gut oder schlecht finden. Vermeiden Sie die Beschreibung, »wie« etwas gemacht werden soll. Beschreiben Sie stattdessen, welches Ziel erreicht werden soll und welche Ergebnisse am Ende erwartet werden. Und noch einmal: Seien Sie präzise und illustrieren Sie anhand von Beispielen.
3. Diskussionen führen	Fassen Sie zusammen, was Sie verstanden haben. Lassen Sie es ergänzen, korrigieren oder bestätigen. Schreiben Sie es auf, ausführlich und verständlich. Nehmen Sie Einwände und Kritik ernst. Hindernisse sind Anzeichen dafür, dass Ihre Vorschläge noch nicht optimal sind.	Nehmen Sie Fragen des Software-Projektteams ernst. Je früher ein Einwand behandelt und eine Frage beantwortet wird, desto sicherer können Sie sein, dass ein gutes Ergebnis entsteht.
4. Ergebnisse bewerten	Erklären Sie Ihre Vorschläge entlang der Anforderungen, die Sie aufgeschrieben haben. Zeigen Sie die Vorteile Ihrer Vorschläge für den Kunden auf – präzise entlang dem Verständnis für die Abläufe. Vermeiden Sie Fachausdrücke aus Ihrem Tätigkeitsfeld. Benutzen Sie die Sprache Ihrer Auftraggeber.	Lenken Sie zunächst den Blick auf die Bereiche, die gut gelungen sind. Sprechen Sie aus, was Ihnen konkret gefällt und dass Sie sich darüber freuen. Es öffnet die Ohren Ihres Gegenübers für die Änderungen, die Sie anschließend aufzählen.

Fünf Schlüssel für eine gelungene Softwareeinführung		
	Für das Software-Projektteam	**Für den Kunden**
5. Konflikte lösen	Seien Sie wertschätzend und denken Sie in Lösungen. Vermeiden Sie Sätze wie »Das geht nicht«. Verwenden Sie lieber die Formulierung »Dazu überlege ich mir etwas«. Machen Sie die Lösung zu Ihrer Herzensangelegenheit.	Seien Sie wertschätzend und kompromissbereit. Nicht jedes »Nein« Ihres Gegenübers dient dessen Freizeitoptimierung. Fragen Sie nach Begründungen für ein »Nein«.

Aber: Der mächtigste Gegner des Neuen ist das Nichtstun, das Aussitzen, die Antriebslosigkeit. Dann kämpfen der Projektmanager und sein Team gegen Windmühlen der Ignoranz und Passivität und müssen immer wieder tiefe Gräben überspringen, wenn sich das Neue durchsetzen soll. Lesen Sie dazu Kapitel 8.2 »Widerstände im Veränderungsprozess bearbeiten«. Veränderungen brauchen Zeit. Deswegen ist es manchmal gut, wenn der Prozess zunächst im Verborgenen bleibt, damit die Skeptiker nicht zu früh das Vorhaben stören. Das stärkste Instrument bei der Einführung von Veränderungsprozessen ist aber der unbedingte Wille, das Projekt zum Erfolg zu führen. Dieser Wille kann sprichwörtlich Berge versetzen.

8.3.3 Übung 28: Innovationstypen identifizieren

Denken Sie an Ihr aktuelles Projekt oder eines, das Ihnen sehr gut in Erinnerung ist. Vergegenwärtigen Sie sich die Situation, die Atmosphäre, in der das Projekt stattgefunden hat bzw. stattfindet. Welche Projektteilnehmer gehen forsch voran? Wer sind die Kritiker, Nörgler und Bedenkenträger?

Überlegen Sie, welche Haltung Sie selbst gegenüber Neuem einnehmen. Sagen Sie sich »Neues, wo bist du – her damit!« oder lassen Sie lieber zunächst die anderen erste Erfahrungen sammeln? Tragen Sie möglichst für jeden Innovationstyp einen Projektteilnehmer ein, den Sie kennen.

In welche Gruppe würden Sie sich selbst einordnen? Welcher Innovationstyp sind Sie?

Gruppe/Persona	Daran erkennt man sie	Ein typischer Vertreter, den ich kenne	Der bin ich am ehesten
Innovatoren	Sie sind Regelbrecher, Nonkonformisten, Querdenker und fehlertolerant.		☐
Frühe Anwender	Schaffen sich das neueste technische Gerät an, sind an Wettbewerbsvorteilen interessiert, frühe Anwender von Neuem		☐
Frühe Majorität	Akzeptiert etwas Risiko, sucht klaren Nutzen, der möglichst in Geld messbar ist		☐
Späte Majorität	Vermeidet Risiko, folgt der Mehrheit, ist ein Herdentier		☐
Nachzügler	Lehnen Neues massiv ab, sehen immer große Gefahren für Leben, Freiheit, Moral, reichen gerne Klagen ein, um Neues zu verhindern		☐

Erklärt die Zugehörigkeit von Projektteilnehmern zu einer dieser Gruppen bzw. Innovationstypen ihr Verhalten im Projekt? Notieren Sie Ihre Beobachtungen und Gedanken.

____

____

____

____

____

____

____

8.4 Neue Perspektiven für die Projektarbeit gewinnen

8.4.1 Aus dem Projektalltag

Das Projektmeeting ist schon vorangeschritten, die Projektleiterin Stefanie Brandt findet gerade ihre Abschlussworte. Teamleiter Phillip Kühn packt schon seine Sachen zusammen, klappt den Laptop zu und sammelt seine Stifte und Papiere ein. »So ein Quatsch«, raunt er seinem Nachbarn zu. »Das war ja mal wieder ein Meeting aus der Kategorie ›Völlig überflüssig‹.« Er seufzt, rollt mit den Augen und zieht beide Augenbrauen nach oben. »Wieso?«, fragt der Nachbar, »war doch gut. Ich habe endlich mal erfahren, welche Meinungen so insgesamt existieren. Besonders das, was Stefanie gesagt hat, fand ich gut. Da wissen wir einmal genau, was der Kunde eigentlich möchte.« »Meinst du wirklich? Ich habe immer nur gehört, was nicht sein soll, was der Kunde nicht möchte und wie schlecht alles bisher gelaufen ist«, antwortet Phillip. Seiner Meinung nach war die Stimmung im Team schlecht, weil bisher so wenig geklappt hat. Sein Nachbar aber fühlt sich motiviert und freut sich über die vielen Impulse für seine Arbeit.

Als Beobachter könnte man fast meinen, beide Teilnehmer hätten in zwei unterschiedlichen Meetings gesessen, so verschieden haben sie die Veranstaltung erlebt.

8.4.2 Situationsanalyse

Phillip Kühn sieht sich in einer Sackgasse. Aus seiner Sicht wurde alles schlecht gemacht und keine wirkliche Lösungsperspektive aufgezeigt. Es fehlen dem Projekt die straffe Führung und der Lösungswille. Frustration und Motivationsmangel sind die emotionalen Folgen.

Mit Fragetechniken einen Perspektivenwechsel vornehmen
Wir leben in einer Welt der Polaritäten, in der vieles gültig ist, sozusagen alles gleich gültig. Aus diesem Grunde gibt es immer verschiedene Perspektiven auf eine Situation und Verhalten. Wie kommt man aus einer solchen Sackgasse wieder heraus, wenn man sich verrannt hat oder die Welt nur aus einer bestimmten Perspektive wahrnimmt? Ein erster Schritt ist das Formulieren offener Fragen, die dazu einladen, die Situation oder das eigene Verhalten aus der Sicht einer anderen Person zu sehen. Nicht die eigene Position steht im Vordergrund, sondern über die Position des Beobachters gerät die Position des Gegenübers, des Empfängers einer Nachricht in das Blickfeld. Damit eine Person gar nicht erst in eine Rechtfertigungshaltung gerät, sind die Fragen in einem vorsichtigen Konjunktiv zu formulieren.

In unserem Eingangsbeispiel könnten die Fragen z. B. so lauten:
- Was würde der Kunde zu diesem Meeting wohl sagen?
- Was, glauben Sie, würde der Chef über das heutige Ergebnis denken?
- Welchen Beitrag zur Verbesserung der Projektsituation würden Sie anstelle des Projektleiters erwarten?

Diese Fragetechnik wird *zirkuläres Fragen* genannt. Sie ist gut dafür geeignet, Endlosschleifen und Teufelskreise zu durchbrechen. Ähnliche Effekte haben auch *Fragen nach Ausnahmen*. Sie führen aus der Sackgasse »Das war schon immer so« heraus und eignen sich daher besonders für die Aufnahme von Anforderungen (vgl. Kapitel 7.2).

Beispiele für Fragen nach Ausnahmen:
- Wann tritt das Problem *nicht* auf?
- In welchen Situationen verhält sich der Kollege *nicht* so?

Etwas ambitionierter im Sinne einer paradoxen Intervention sind *problemorientierte Fragen*, die bewusst zu Widersprüchen und Un-Sinn führen:
- Was muss geschehen, damit das Problem mit dem Kunden weiter existiert?
- Wofür wäre es gut, das Problem noch eine Weile zu haben?

Die Alternative beweisen

Neben der Möglichkeit, durch gezielte Fragen einen Perspektivenwechsel einzuleiten, gibt es eine Methode, Handlungsalternativen für sich zu entdecken: die *Methode der Falsifikation*. Sie wurde von Karl Popper, dem einflussreichen österreichisch-englischen Wissenschaftstheoretiker und Philosophen, entwickelt. Popper argumentierte, dass die Suche nach Belegen für die eigene Theorie (Verifikation) einige Risiken birgt. Man wird blind für Belege, die die eigene Hypothese widerlegen.

Fair und risikominimierend sei es daher, auch Belege für die Gegenhypothese zu finden. Unter welchen Voraussetzungen ist die eigene Hypothese falsch? Welche Belege müssen vorliegen, damit sich die eigene Hypothese als falsch herausstellt? Diesen Vorgang nennt man *Falsifikation*.

Wenn wir die Methode der Falsifikation auf unser Eingangsbeispiel anwenden, dann ergibt sich zunächst folgende Hypothese:

»Das Projekt hat eine schlechte Führung. Wir wissen immer noch nicht, was der Kunde im Einzelnen will.«

Für diese These kann der Teamleiter bestimmt viele Beispiele und Beweise anführen. Interessant wird es, auch die Gegenthese zu betrachten. Sie lautet:

»Das Projekt ist gut geführt. Wir wissen schon sehr viel von dem, was der Kunde will.«

Lassen sich für diese Hypothese auch Belege finden? Lassen sich auch für diese Aussage überzeugende Beispiele aufführen? Dann existiert in diesem Fall eine Sowohl-als-auch-Situation. Das Auffinden von Alternativen (»Es könnte so, aber auch anders sein«) birgt für jeden die Möglichkeit, andere Wege zu gehen. Abzweigungen werden bewusst, zu denen man sich entschließen kann. Dann können neue, alternative Wege beschritten werden.

8.4.3 Übung 29: Perspektivenwechsel und Falsifikation

Denken Sie an eine Situation, die verfahren erscheint, oder an ein Projekt, in dem sinngemäß zu hören ist »Das war schon immer so. Das ändert sich nicht«. Ob Sie derjenige sind, der keine andere Handlungsmöglichkeit als die gewohnte sieht oder jemand anderes, ist für diese Übung unwichtig.

Nachwort

Zusatzmaterialien zum Nachwort finden Sie unter:
www.crashkurs-it-projektleitung.de/tools

Die acht Kapitel dieses Buches haben gezeigt, wie vielfältig und komplex die Anforderungen an Projekt- oder Teamleiter sind. Erwartungen der Projektteilnehmer an seine sozialen Kompetenzen, seine Empathie und Geduld stehen Forderungen der Vorgesetzten und Kunden nach Zielstrebigkeit und Ergebnisorientierung gegenüber.

Wir haben Ihnen typische Situationen aus dem Projektalltag vorgestellt und Sie haben erlebt, mit welchen Handlungsmöglichkeiten, Methoden und Strategien Sie zu einer professionellen Projektleiterpersönlichkeit werden können.

Am Schluss dieses Buches möchten wir Ihnen eine Empfehlung für Ihren Projektalltag geben:

Seien Sie geduldig und bleiben Sie hartnäckig.
Nachhaltiges Lernen gelingt in vier Schritten: Wollen, Wissen, Können und Tun. Das Lernen und Einüben von neuen Handlungsmustern beginnt mit der wichtigen Voraussetzung, dass Sie es überhaupt wollen. Sie treffen für sich die Entscheidung, ob Sie der Lust oder der Forderung nach Neuem nachgehen und neue Verhaltensmuster in Ihr Führungsrepertoire aufnehmen.

Besonders anschaulich lassen sich diese Überlegungen mit dem Erwerb eines Führerscheins vergleichen. Ganz am Anfang steht Ihre Entscheidung: Sie wollen zukünftig selbst am Steuer sitzen. Ohne diesen bewussten Entschluss kann kein Lernprozess in Gang kommen. So ist es auch im Projektalltag. Wenn Sie sich nicht bewusst entschließen, empathisch mit Ihrem Team zu arbeiten, dann werden Ihnen unsere Ausführungen nicht helfen, Ihr Vermögen zur Empathie weiterzuentwickeln.

Beim Führerscheinerwerb lernen Sie im theoretischen Unterricht die Verkehrsregeln. In der Fahrstunde lernen Sie, wie Sie ein Fahrzeug bei eingelegtem ersten Gang in Fahrt setzen, ohne den Motor abzuwürgen. Theoretisch wissen Sie, wie das geht. Aber erinnern Sie sich noch, wie oft Sie während der ersten Fahrstunden den Motor abgewürgt haben? Es gibt offenbar einen Unterschied zwischen dem Wissen, wie man etwas macht, und der sicheren Anwendung in der Praxis.

Das Gleiche gilt für die Handlungsalternativen und Methoden, die wir Ihnen in diesem Buch vorgestellt haben. Auch wenn Sie jetzt wissen, wie Sie richtig loben, so kann es im Projektalltag trotzdem vollständig daneben gehen. Machen Sie es wie in der Fahrschule. Bleiben Sie ruhig und versuchen Sie es noch einmal. Es wird mit jedem Mal besser klappen, bis Sie es richtig gut können. Können – das ist die Phase, in der es klappt, zumindest meistens, wenn Sie sich sehr konzentrieren und bewusst jeden Schritt gedanklich vorbereiten. Diese Phase ist anstrengend, weil wir unser Tun unter Anleitung unseres Verstandes noch bewusst steuern müssen.

In der Fahrstunde setzt sich das Auto ganz langsam ohne Stottern in Bewegung, und mit Glück ist die Grünphase an der Ampel lang genug. Nach 45 Minuten Fahrunterricht sind Sie erschöpft und ausgelaugt, aber zufrieden. Und Sie wundern sich vermutlich, wie einige Autofahrer 650km ohne Pause zurücklegen und anschließend entspannt ein Meeting moderieren.

Wenn Sie also zum Beispiel damit beginnen, herzlich, d.h. auf gute Art, Nein zu sagen, gehen Sie nicht davon aus, dass Ihnen dies auf Anhieb flüssig und gewandt gelingt. Es wird Sie anstrengen, Sie werden langsam sein, womöglich kommen Sie auch von Ihrem Weg ab. Ihr Gehirn hat dabei sehr viel zu tun. Nehmen Sie diese Phase als notwendigen Zwischenschritt. Niemand, der heute eloquent und gewinnend mit den Wünschen seiner Kunden umgeht, konnte diese Phase einfach überspringen.

Aber Sie sind einen Schritt weiter. Und nach einiger Zeit steuern Sie Ihr Auto, entspannt ein Liedchen pfeifend, durch den dicksten Berufsverkehr. Sie schalten rauf und runter, lenken, bremsen, kuppeln und wechseln gekonnt die Fahrbahn. Sie tun vieles gleichzeitig. Wenn Sie sich beobachten, stellen Sie vielleicht fest, dass vieles gelingt, ohne dass Sie darüber nachdenken. In dieser Phase hat Ihr Unbewusstes viel von der Steuerung der Aktionen übernommen. Wir *tun* etwas, ohne darüber nachzudenken. Das ist entspannend und eine beglückende Erfahrung.

Je nachdem, an welcher Veränderung Sie gerade arbeiten, werden Sie diesen Punkt nach einigen Wochen, Monaten oder vielleicht auch erst nach Jahren erreichen. Machen Sie sich von Zeit zu Zeit bewusst, an welchem Punkt Sie stehen. Dann stellen Sie zufrieden fest, was Sie alles schon gelernt haben.

Die gewohnten Bahnen zu verlassen, etwas Neues lernen, das braucht seine Zeit und es braucht auch Beständigkeit im Üben. Lassen Sie nicht nach, auch wenn der Start schwer fallen mag und die ersten Schritte holprig sind. Bleiben Sie bei sich, wenn es einmal nicht klappt, und üben Sie Nachsicht mit sich selbst, wenn Sie gelegentlich in alte Muster zurückfallen.

So wie Ihr Fahrlehrer in der Fahrstunde sind auch wir für Sie da. Wenn Sie vielleicht nicht weiter wissen oder in Situationen geraten, in denen Sie sich unsicher fühlen, nehmen Sie Kontakt mit uns auf. Am besten gelingt das über die Website zum Buch: www.crashkurs-it-projektleitung.de. Dort können Sie sich mit uns und auch mit Kollegen austauschen, denen es ähnlich ergeht wie Ihnen. Wir geben Ihnen gerne einen Impuls für Ihr Projektgelingen. In losen Abständen werden Sie unter unserer Website auch weiterführendes Material finden: Übungsblätter, ergänzende Inhalte oder wertvolle Anregungen für Ihre berufliche und persönliche Entwicklung. Vieles, was Sie in diesem Buch kennengelernt haben, hilft Ihnen bei der Entwicklung Ihrer Persönlichkeit. Scheuen Sie sich also nicht, auch im Privatleben Experimente und Übungen zu machen.

Wir wünschen Ihnen Erfolg und Freude bei der Umsetzung der Ideen aus diesem Buch!

Helga Trölenberg und *Heiner Drathen*

h.troelenberg@sentema.com
h.drathen@sentema.com

Danksagung

Dieses Projekt wäre ohne die Unterstützung vieler Freunde und wohlwollender Begleiter niemals realisierbar gewesen. Ohne Anspruch auf Vollständigkeit danken wir

- Anja Weiss für die einzigartigen Illustrationen, die unkomplizierte und schnelle Reaktion auf alle Wünsche der Autoren,
- Klaus Altepost von der Agentur Altepost für das Vertrauen in unsere Schreibkünste und die Beharrlichkeit beim Finden eines Verlags,
- Anne Rathgeber vom Haufe Verlag für das Engagement im Projekt, ihren Langmut mit unseren Wünschen und die Geduld am Ende der Schreibphase,
- Peter Böke für sein behutsames Lektorat und die konstruktive Zusammenarbeit,
- »Theo« Lorbeer für das detailverliebte erste Korrekturlesen; ohne ihn wären viele Kapitel weniger prägnant und aussagestark,
- Brigitte Palaschinski für das eingängige Konzept der ganzheitlichen Kommunikation, viel Inspiration und Ausbildung und der unerschütterlichen Überzeugung, dass jeder Mensch einzigartig und wertvoll ist,
- Almut und Tilman Buchholz für die Geduld mit einer eingeschränkt verfügbaren Mutter und der klaglosen Übernahme liegengebliebener Hausarbeit,
- Martin und Florian Drathen für das unermüdliche Antreiben eines gelegentlich schreibfaulen Vaters,
- Ingrid Redmann-Drathen für die Bereitschaft, das Einsiedlerdasein ihres Gatten zu ertragen, die bereichernden Diskussionen über Inhalte und Form sowie für Halt und Zuversicht,
- den Teilnehmern unserer Seminare, unseren Kunden und Klienten für ihren Mut, sich mit uns auf neue Wege zu begeben und für wertvolle Anregungen und Feedback zu unserer Arbeit.

Literaturverzeichnis

Behringer, N. (2014): Enterprise 2.0 als Veränderungsprozess – Das Geheimnis der Veränderungsformel. wissens.blitz (133); http://www.wissensdialoge.de/veraenderungsformel [abgerufen am 18.07.2016].

Collin, Catherine; Benson, Nigel; Ginsburg, Joannah; Grand, Voula; Lazyan, Mrrin; Weeks, Marcus (2012): Das Psychologie-Buch; Dorling Kindersley Verlag.

Dueck, Gunter (2011): Professionelle Intelligenz – Worauf es morgen ankommt; Eichborn Verlag.

Edunov, Sergey; Diuk, Carlos; Onur Filiz, Ismail; Bhagat, Smriti; Burke, Moira (2016): Three and a half degrees of separation; https://research.facebook.com/blog/three-and-a-half-degrees-of-separation/ [abgerufen am 14.04.2016].

Gausby, Alyson (2015): Attention Spans, Microsoft Canada. Die Studie können Sie als PDF-Dokument unter folgendem Link abrufen: http://wck.me/10vx [abgerufen am 08.09.2016].

Gottschling, Stefan (2008): Lexikon der Wortwelten; SGV Verlag.

Grün, Anselm (2015): Menschen führen – Leben wecken; Deutscher Taschenbuchverlag; 9. Auflage.

Grün, Anselm; Robben, Ramona (2015): Grenzen setzen – Grenzen achten; Herder Verlag, 11. Auflage.

Häusel, Hans-Georg (2014): Think Limbic!; Haufe Verlag, 5. Auflage.

Hüther, Gerald (2007): Bedienungsanleitung für ein menschliches Gehirn; Vandenhoeck & Ruprecht.

Kotsou, Ilios (2012): Emotionale Intelligenz; Trinity Verlag, 2. Auflage.

Schulz von Thun, Friedemann (2010): Miteinander reden 1 – Störungen und Klärungen: Allgemeine Psychologie der Kommunikation; Rowohlt Taschenbuch Verlag; 48. Auflage. Alternativ für einen ersten Überblick zum Vier-Ohren-Modell: https://www.youtube.com/watch?v=ickS3HHpCII

Stangl, Werner (ohne Jahr): Das Johari-Fenster; http://arbeitsblaetter.stangl-taller.at/KOMMUNIKATION/Joharifenster.shtml [abgerufen am 28.08.2016].

Thomann, Christoph; Schulz von Thun, Friedemann (1988): Klärungshilfe 1: Handbuch für Therapeuten, Gesprächshelfer und Moderatoren in schwierigen Gesprächen. Rororo Verlag.

van Stappen, Anne (2012): Grenzen setzen – Nein sagen; Trinity Verlag; 2. Auflage.

van Stappen, Anne (2014): Mit schwierigen Zeitgenossen umgehen; Trinity Verlag.

Weber, Nina (2016): »Facebook-Statistik: Jeder kennt jeden über 3,5 Ecken«; Artikel auf Spiegel Online vom 05.02.2016, abrufbar unter http://www.spiegel.de/wissenschaft/mensch/facebook-jeder-kennt-jeden-ueber-3-5-ecken-a-1075794.html; [abgerufen am 14.04.2016].

Weinschenk, Susan M. (2011): 100 Dinge, die jeder Designer über Menschen wissen muss; Pearson Deutschland.

Wirtrainieren.de; Teamuhr nach Tuckmann; http://wirtrainieren.de/werkzeug-koffer/media/Handout-zu-den-Teamphasen-nach-Tuckman.pdf; [abgerufen am 20.06.2016].

Zeckert, Peter (2010): »Der Spiegel im Gehirn«; Online-Artikel der Max-Planck-Gesellschaft; abrufbar unter: https://www.mpg.de/207017/Gehirn_im_Spiegel; [abgerufen am 28.03.2016].

Zinker, Joseph (2005): Gestalttherapie als kreativer Prozess; Jungfermann Verlag; 7. Auflage.

Die Autoren

Foto: Heiko Preller

Helga Trölenberg arbeitet seit 20 Jahren in IT-Unternehmen und im E-Commerce. Sie ist eine ausgewiesene Expertin für digitale Geschäftsmodelle und IT-Lösungen im Multi-Channel-Handel und hat in zahlreichen IT-Projekten unterschiedlicher Größe gearbeitet. Jahrelange Erfahrung in IT-Projekten bei unternehmenskritischen Softwaresystemen ist für Helga Trölenberg die Grundlage für die Entwicklung von Methoden zur zielgerichteten ganzheitlichen Kommunikation zwischen allen projektbeteiligten Abteilungen. Die ausgebildete Psychologin und Business Coach entwickelt erfolgreich Methoden, die die emotionale Verankerung von Sachinhalten und damit nachhaltigeres Lernen ermöglichen. Gemeinsam mit Heiner Drathen gibt sie in Seminaren und Trainings dieses Wissen weiter. Als persönlicher Coach unterstützt sie Führungskräfte im Umgang mit Veränderungen.

Heiner Drathen trainiert seit mehr als zehn Jahren Mitarbeiter von IT-Unternehmen in den Bereichen Kommunikation und Konfliktmanagement. Seine eigene, über mehr als zwanzig Jahre erworbene Erfahrung im Management und Coachen von IT-Projekten und Projektleitern stellt ihm einen reichen Erfahrungsschatz zur Verfügung und gewährleistet einen stetigen und kontinuierlichen Bezug zur Alltagspraxis von IT-Personal. Sein Augenmerk liegt daher ganz besonders auf der Praxisnähe und der unmittelbaren Anwendbarkeit der gelernten und geübten Fertigkeiten der Kursteilnehmer. Getreu dem Motto »Menschenorientierung sichert Zielorientierung« verfolgt er unbeirrt den Ansatz, dass Menschen an der Lösung und nicht dem Schaffen von Konflikten interessiert sind, wenn sie sich ehrlich respektiert fühlen.

Stichwortverzeichnis

Ihr Feedback ist uns wichtig!
Bitte nehmen Sie sich eine Minute Zeit

https://www.haufe.de/umfrage/management